Squeeze Universe
in the black hole

Black hole

The universe

왼편: Event Horizon Telescope에서 포착한 궁수자리 중심의 블랙홀 (사진출처:천문연구원)

우리는 블랙홀 속에 산다
Squeeze Universe (수축하는 우주)

빅뱅이 시작되기 이전 우리의
우주는 어떤 상태였을까?
현재 우리는 어디에 있는가?

그 이야기를 시작한다.

이 책의 내용은 가끔 길을 잃는다. 그럴 때면 표지에 적힌 제목으로 돌아오자...
"우리는 블랙홀 속에 산다" (수축하는 우주) 모든 이야기는 그곳으로 향하고 있다.

목차

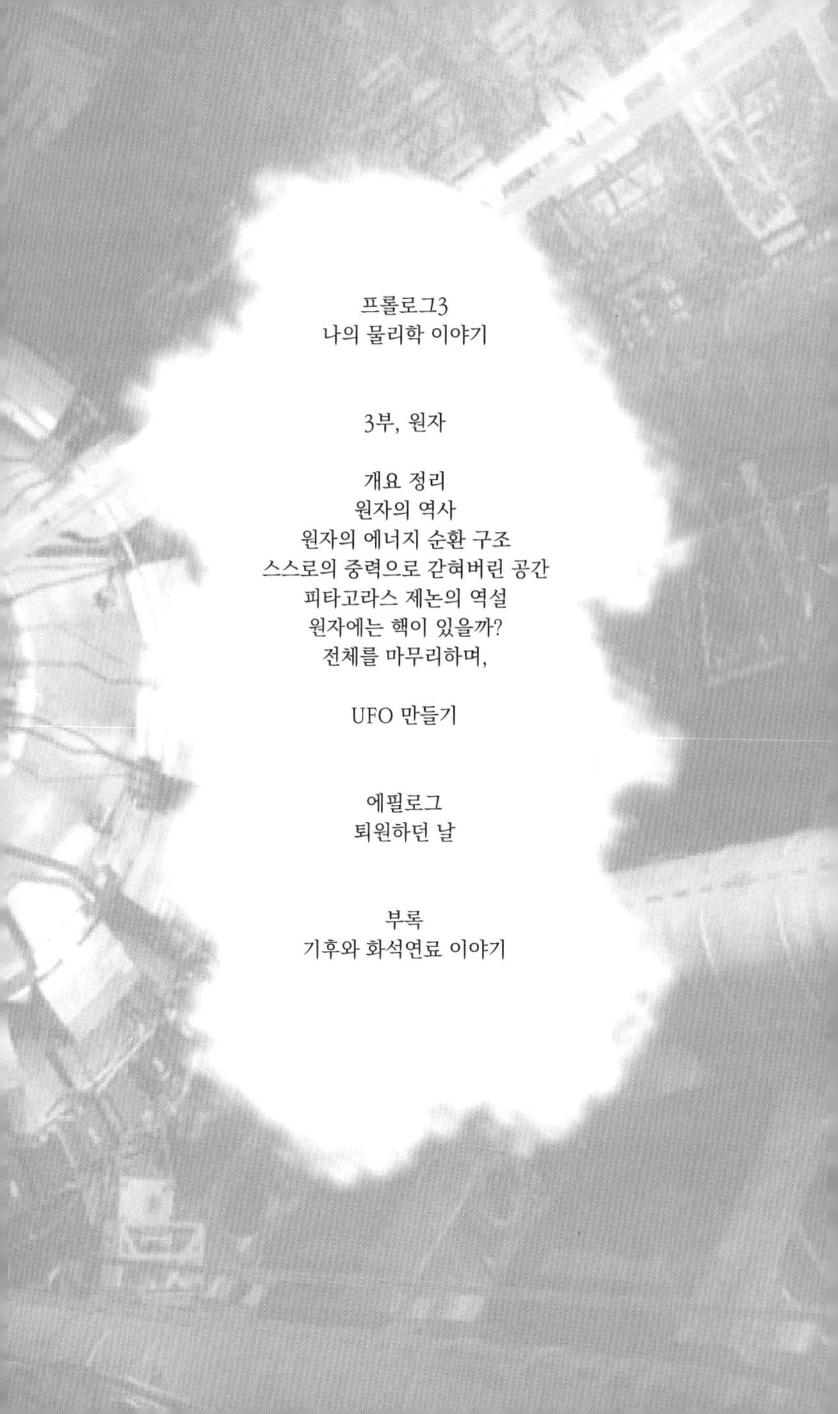

프롤로그 1 (appetizer)

위험한 상상을 좋아하는 아이

...

나는 독수리 오형제 멤버 중 한 명이었다. 어린시절 내가 자라난 서울의 한 변두리 동네, 우연히도 나와 나이가 똑같은 5명의 친구들이 양 옆집과 앞 뒷집으로 함께 모여서 살았다. 우리는 언제부터 인가 모두 함께 행동하며, 온 동네를 헤집고 다니는 독수리 오형제가 되었다.

초등학교 나이 또래의 개구장이들이 늘 그렇듯, 사내 놈들이란 서열 가르기를 해야 직성이 풀린다. 우리들 다섯 명 중 누구도 먼저랄 것 없이 자연스럽게 대장 뽑기 놀이를 시작했다. 룰은 간단했다. 5명 중 누군가가 시범을 보이면, 나머지 4명이 따라하는 게임이었다. 만약 따라하지 못한다면 탈락이 되고, 마지막까지 남은 한 명이 대장이 되기로 규칙을 정했다.

우리들은 높은 곳에서 점프를 하거나, 유모차에 살금살금 다가가 아기볼을 꼬집어 울리고 도망을 치거나, 슈퍼가게 아줌마가 잘 가꾸어 놓은 동네 텃밭에서 설익은 무들을 양손 가득 뽑아 먹기도 하였다. 그 때 우리는 스스로를 동네 악동이라고 떠들며 깔깔거렸지만, 지금 생각해보면 특별히 악동 같지도 않았고, 그저 철없는 어린아이들에 불과했었다.

그 중 최악의 상상력을 꺼낸 나를 생각해보면 더욱 그렇다. 그날은 유난히 햇빛이 밝은 날이었다. 모든 사물들이 또렷하게 눈에 들어왔다. 버스 정류장 옆 포장마차에서 떡볶이를 먹는 사람들을 쳐다보면서 오늘은 무슨 짓을 할까 고민했다. 모두들 엉큼한 눈빛으로 다들 서로가 아닌 곳을 멍하게 바라보고 있었다.

나 또한 친구들과는 다른 곳을 보고 있었다. 버스 정류장 쪽으로 어깨를 살짝 굽히고 서서는, 햇빛에 유난히 반사하는 공중전화 부스 상단의 볼트 몇 개를 한참 동안이나 바라보았다. 그 멀리 뒤로 버스가 천천히 다가오며 정류장에 사람들을 가득 내리고는 다시 사라졌다. 버스에서 내는 '칙' 하는 바람 빠지는 소리가 엔진 음 사이에서 들려왔다. 보통은 한번, 어떤 때는 칙~칙 하고 두 번 소리를 냈다. 이어서 바로 새로운 버스가 정류장에 연이어 들어왔다. 버스는 공중전화 박스 옆으로 스치듯 만든 그림자 선을 지키며 정확히 그곳에 멈추어 섰다.

이 때 나에게 매우 신선한 아이디어가 떠올랐다. 어쩌면 이것으로 대장 뽑기 놀이의 종지부를 찍을 수도 있겠다고 생각했다. 나는 당장 눈들이 반쯤 감겨 꾸벅꾸벅 졸기 직전의 아이들을 불러 모았다. 그리고 이번 게임의 제목을 붙였다. '슈퍼맨 게임' 가장 힘세고 용기 있는 슈퍼맨이 되는 게임이었다. 내가 아이들의 눈을 한 명씩 차례로 턱 끝을 가리키며 보았고, 아이들은 그저 호기심으로 나를 쳐다봤다.
나는 이렇게 말했다. "잘 봐라! 내가 버스를 멈출 게" 나는 아이들을 깜짝 놀라게 해줄 맘으로 구체적으로 어떤 일을 시작할 지 설명하지 않았다.

나는 곧바로 공중전화기 옆으로 바싹 다가섰다. 허리를 잔뜩 숙이고, 아이들 쪽을 힐끔 뒤돌아보며 실 웃음을 짓는 여유로움도 보여줬다. 버스는 금방 오지 않았다. 순간 따갑게 쨍하던 햇빛이 구름 뒤로 숨어버렸다. 공중전화 부스 옆으로 선명하게 그어졌던 그림자의 선이 흐릿해 보이며 주위가 모두 회색으로 바뀌었다. 두려움 따위는 전혀 느껴지지 않았다. 몇 분쯤 지났을까? 버스 한 대가 새롭게 멀리서 들어오고 있었다. 나를 쳐다보는 녀석들을 한 번 더 힐끔 뒤돌아보고는 다가오는 버스에 온 신경을 집중했다.

하나, 둘, 셋 혼자 말로 연습 숫자를 미리 세어 두었다. 버스가 천천히 멈추기 위해 속도를 줄일 때, 내가 계산했던 시간과 거리에서 그 버스가 멈춰지는 지점을 머리속에 그렸다. 하나, 둘… 숫자를 세는 순간 입이 바싹 말랐다, 약간의 긴장감이 온 몸을 타고 들었다. 그리고 리듬에 맞춰 셋에 몸을 날렸다. 흑백 TV 속에서 보았던 그 슈퍼맨처럼 힘껏 공중으로 날아올랐다. 슈퍼맨이 망또를 펄럭거리며 위기에 빠진 열차를 세울 때의 그 장면이 머리속에서 겹쳐졌다. 최대한 멋진 자세를 기대하며, 양팔을 펼친 채 버스 앞으로 뛰어 들었다.

쿵!
내 귀 가까이서 누군가 큰 북을 사정없이 내려치는 소리가 들려왔다. 곧이어 온 세상이 까맣게 보였다. 부분부분 빙글빙글

도는 거대한 회전축이 나타났다가 곧 사라졌다. 마치 작고 어두운 상영관 안에서 무성영화의 필름이 끊길 듯 말 듯 아슬아슬하게 빛을 쏘아 보내는 것 같았다.

얼마의 시간이 흘렀을까? 단 몇 초의 시간이 내게는 아주 오랜 시간처럼 느껴졌다. 수없이 많은 기억들이 머리속을 스쳐 지나갔다. 형과 누나의 모습들도 보였지만, 제일 많은 부분은 엄마에 대한 모습이었다. 그것이 이상하게도 나를 편안하게 아니 포근하게 느낄 수 있게 해주었다. 또 어디선가 커다랗게 나의 심장이 두근거리는 소리도 들려왔다. 심장 소리의 박자에 맞춰 사방이 온통 깊고 고요한 터널속으로 빨려 들어가는 듯했다. 그곳은 마치 어느 누구도 지나친 적이 없는 깊은 산길의 숲속 과도 비슷했다. 나의 손끝은 부드럽게 자란 길가의 강아지풀들을 스치며 가볍게 산책하고 있는 듯했다.

이 짧은 찰나의 시간이 나에게는 몇시간만큼이나 길었다. 아마 실제로는 단 2초에 불과했을 그 시간의 어두운 터널이 지나갔다. 이윽고 나는 버스 뒤 꽁무니로 튕겨져 나왔다. 어디선가 사람들이 우~와 하며 함성 같은 소리가 내 귀의 정막을 깨고 이어서 들려왔다.

그랬다. 뒤늦게 든 생각이지만, 그날 내가 만약 조금이라도 피하려고 했거나 두려움이 있었다면 나는 버스의 두 바퀴 가운데 사이로 빠져나오지 못했을 것이다. 세상에서 가장 무모하고 어리석은 판단이었다. 아이러니하게도 나의 당당함이 나를 살렸다는 안도가 들었다. 일어설 수 있을까? 나는 온 힘을 다해 일어서 보려 했다. 언제 달려왔는지 내 주변에는 독수리 오형제들이 모여 있었고, 정류장에 모여 있는 사람들이 나를 빙 에워 쌓고 있는 것도 느껴졌다. 나는 친구들을 향해 이렇게 말했다. "니들이랑 이제 안 논다. 대장 같은 거 필요 없…" 말을 끝내기도 전에, 나의 온 몸에서 힘이 풀렸다. 그리곤 기억이 없다.

버스는 분명 그림자가 만든 그 자리에 멈추어야 했다. 약간의 착오는 있을지 언정 그 자리가 맞다고 나는 오래도록 생각했다. 다만 버스에서 내리거나 탈 손님이 없는 경우 버스는 멈추지 않고 정류장을 지나친다는 사실을 그 철없는 꼬맹이는 생각하지 못했다. 참으로 나는 멍청했다. 세상에는 이처럼 다양한 경우의 수가 있다는 것을 뼈저리게 배운 한 순간, 나는 무려 6개월간을 병실에서 보내야했다. 병실에서 지내던 당시 나는 걷지 못했다. 내 몸 안의 뼈들이 엉망으로 으스러지고 일부는 사라졌다고 했다. 현실의 나보다도 엑스레이 필름 속 뼈들이 더 아파 보였다.

내가 사고를 내고 난 후, 나의 슈퍼맨 놀이는 그 버스정류장 옆으로 육교가 생겨나게 했다. 그리고 그 육교는 20여년 뒤 도시환경미화 라는 명분으로 다시 또 철거되어 기억속으로 사라졌다. 그렇게 나의 슈퍼맨도 사라졌다.

버스에 뛰어들던 그 아이는 어느덧 50대 중반의 나이가 되었다. 많은 것들이 바뀌었다. 어린시절의 사건으로 인해 군면제를 받았으며, 휘어진 뼈들 덕분에 나는 바지를 새로 사면 늘 오른쪽 기장을 더 짧게 재단해서 입어야 했다.

오랜 시간이 지났지만, 사건이 있었던 그날 내가 바라보던 공중전화 위의 볼트를 잊지 못한다. 반짝이게 비추며 나를 유혹했던 그 빛들은 아직도 내 기억속에 너무나 선명하다. 그 것은 세상에서 가장 아름답게 반짝이는 볼트였다. 내 기억속에는 언제나 똑같은 밝기로 선명하게 그려진다. 이 세상, 어느 하늘과 어느 도시의 빛 보다도 선명하고 화려했다. 지금도 나는 그 빛나는 볼트의 기억을 품고 산다.

용기는 무지와 닮아 있었고,
자신감은 뻔뻔함과 닮아 있었다...

호기심의 시작

...

나는 우리의 우주가 블랙홀 속에 존재한다고 생각한다. 아니 확신한다. 우리가 사는 이 지구가 무시무시한 괴물의 심장인 블랙홀 속에 존재한다고 말하면 대부분의 독자분들은 아마도 이것을 믿지 못할 것이다. 너무나 당연한 반응이라고 생각한다. 나 역시도 처음에는 믿지 못했다. 너무 허황되고 터무니없기 때문이다. 그러나 오랜 시간이 흐르면서 하나씩 조각의 퍼즐을 맞춰갈수록 우리가 블랙홀 속에 살고 있다는 생각은 더욱 확신이 들기 시작했다. 지금부터 이어져 나갈 이야기들은 물리학자도 과학자도 아닌, 어느 평범한 회사원의 머릿속에서 오랜 시간 나의 상상을 간지럽혀온 생각의 보고서이다.

나는 이 일기형식의 보고서에서 그동안 우리의 현대과학에서 명쾌하게 풀지 못했던 문제들을 나만의 문법으로 풀어보았다.

우리의 우주는 어디에서 왔는가?

그리고 어디로 가는가?

빛의 속도는 왜 제한적일까?

암흑 물질이란 무엇일까?

원자는 무엇일까?

우주의 나이와 크기는 왜 나를까?

원자에는 핵이 있을까?

양자도약, 양자얽힘은 무엇인가?

이 밖에도 소소하게 많은 이야기들을 다루어졌는데, 결국 모든 이야기들이 하나의 원처럼 둥글게 연결되어 있다는 점은 매우 흥미로웠다.

특히 빛의 속도가 제한적이며 일정하다는 사실은 매우 놀랍게도 우리의 우주 뿐만이 아니라 원자의 세계에 이르기까지 모든 세계에 영향을 미치며, 중요한 역할을 하고 있다는 사실을 알게 되었다. 독자분들도 나와 함께 빛의 속도가 일정한 이유를 찾아가는 과정을 함께 추적하다 보면, 이야기의 전체

맥락을 이해하는데 다소나마 도움이 될 듯싶다.

이제부터 시작되는 이야기들은 현대 물리학과는 거리가 멀고 유사 과학이라고 불리는 많은 상상적 부분들로 채워져 있다. 유사과학이란 마치 범인으로 추정은 되지만 증거 불충분으로 풀려난 미제사건들과 비슷하다. 그렇지만 나름의 논리로 이 이야기들을 풀어가 보려고 한다. 아니 어쩌면 그동안 내가 추적해온 범인에 대한 조사 기록이라고 해도 좋겠다.

내가 호기심을 가지고 빛에 관심을 가졌던 시간만큼 나름의 재미도 충분히 있으리라 감히 생각한다. 앞서도 설명했듯이 나의 이야기는, 현대 물리학에서 이야기하는 물리학과는 다소 차이가 있을 수 있다. 아니 차이가 많다. 어쩌면 비 물리학적 상상들을 총 동원하여 완전히 새로 이야기하고 있을지도 모른다. 혹시 물리학과 천문학에 관심이 많은 독자분이라면 그저 새로운 시각과 신선한 발상을 접하는 즐거움으로 이 책을 읽어 주길 바란다. 나는 그저 평범한 동네 아저씨다.

참고)

"지구를 중심으로 태양과 천체가 돌고 있다고 모두가 믿었던 중세시절 어느 날, 이에 반기를 들고 천체는 태양을 중심으로 돈다고 주장했던 코페르니쿠스가 있었다. "

 "빛도 물처럼 에테르라는 매개체를 따라 흐르고 있다는 100여년 간의 믿음과 주장도 현대에는 사라졌다."

"그 뿐인가, 뉴턴의 사과로 대표되던 중력에 대한 개념 마저도 현대 과학은 바꿔버렸다. "

우리가 쓴 모든 것들, 불변일 것처럼 보이는 모든 믿음들이 어쩌면 모래위에 쓰여져 있을지도 모른다.

제임스웹 우주망원경이 보내온 초기 우주의 모습
어둠속에 찍힌 밝은 점들은 별이 아닌 은하들이다.
(이미지 출처: 네어버 이미지 검색/네이버 뉴스)

1부, 블랙홀에서 탄생한 우주

개요 정리

블랙홀의 핵

빛의 속도는 제한적이다.

빛의 역사

우주의 팽창 속도가 빛의 속도이다

빛의 속도는 변한다.

수축하는 우주 '스퀴즈 유니버스'

개요 정리

...

질문: 빅뱅은 무엇이며, 왜 빅뱅이 생겼을까?

"지금으로부터 대략 137억년 전, 고온 고압 상태였던 어느 점 하나가 폭발을 일으킨다. 폭발은 너무 순식간이었고 대단했다. 찰나의 순간에 공간을 찢었고, 작은 점은 순식간에 팽창하여 현재의 우리 우주를 만들었다."

이것이 현대물리학에서 이야기하는 빅뱅에 대한 설명이다. 세상 어느 것보다 흥미롭지만, 기이하고 괴상하다. 도대체 밑도 끝도 없다는 표현에 가장 가깝기 때문이다.

처음으로 관찰을 통해 빅뱅을 우연히 발견한 사람은 한 때 허블 우주 망원경의 이름으로 유명했던 '에드윈 허블' 이었다. 우주의 팽창을 증명한 허블의 관측은 물리학계에 큰 파장을 가져오게 된다. 뉴턴 시대의 고전적 물리 법칙으로 이해한다면, 우리 우주에 흩어져 있는 이 수많은 은하들은 스스로의 무게와 중력에 의해 다시 하나로 뭉쳐져야 맞다. 그런데 허블의 관측에 의하면 은하들은 오히려 서로 멀어지고 있으며, 이후 많은 과학자들의 관측을 통해 은하 간의 팽창 속도는 점점 더 빠르게 멀어지고 있다는 사실이 밝혀졌다.

허블의 관측 이후, 빅뱅과 우주 팽창의 사건은 물리학계에서, 모든 우주의 기원이 하나의 점에서 출발했을 것이라는 가설이 생겨나게 했다. 과학자들은 우주가 시작한 작은 시작점과 폭발의 순간을 빅뱅이라 부른다.

여기서 우리는 한가지 알 수 없는 의문점을 접하게 된다. 빅뱅이 폭발을 일으키기 직전, 고온 고압의 한 점은 무엇이었을까? 점은 왜 폭발했을까? 우주는 왜 팽창을 하는가? 게다가 어쩌려고 은하들은 더 빠르게 멀어지고 있는가?
나는 질문들에 대한 해답을 얻기 위해 제3의 힘이 존재할지 모른다는 추측을 해보았다. 만약 우주가 자전거의 타이어 속에 있다면 어떨지 상상해보자. 갑자기 압력이 세지기도 하고 줄어들기도 할 것이다. 타이어 속 우리는 결코 알지 못하겠지만, 자전거는 비포장 도로를 달리고 있을지도 모른다.

만약 자전거 타이어 속에
우리의 우주가 있다면...(상상)

이와 비슷한 추론으로 나는 우리의 우주가 절대 알지 못하는 제3의 힘에 의해 영향을 받고 있다고 상상했다. 우리의 우주 속에서는 이해할 수 없는 특이한 상태를 보이며, 이상한 상황들이 끊임없이 펼쳐지고 있는 까닭이다. 알 수 없는 특징의 이 힘을 나는 제3의 힘이라 부르기 시작했고, 어느 날 제3의

힘의 원인으로 블랙홀을 주목하기 시작했다.

참고로 과학자들은 앞으로 수십억 년이 흐른 뒤에는 밤하늘에서 더 이상 외계 은하를 보지 못할 것이라고 말하는 과학자도 있다. 또 모든 우주가 언젠가는 다시 하나의 점으로 뭉치게 될 것이라 말하는 과학자도 있다. 이 모든 궁금증들은 아직도 풀리지 않는 우주의 미스테리들이다.

나는 이러한 궁금증들에 대해 위험한 접근을 시도해보려고 한다. 버스에 뛰어들었던 어린시절과 비교해보면, 내가 지금 쓰고 있는 이 글은 더 무모하고 어리석은 생각일 수 있다. 버스가 그림자 선에 멈출지 아니면 계속 달려갈지 나는 아직도 잘 모르겠다. 그 어리석음을 담아 이야기를 전개해본다. 자 이제부터 여러분들의 시선을 살짝 바꾸어서, 나의 상상 속으로 초대해 볼 것이다. 다소 이상할 수도 있고, 많이 불편할 수도 있다.

블랙홀의 핵

(한 점의 존재)

...

질문: 블랙홀 속에도 (고온, 고압의 한 점) 핵이 존재할까?

빅뱅은 미지의 알 수 없는 공간, 엄청난 고온 고압의 한 점에서 출발했다고 한다. 만약 우리가 상상할 수 있는 어떤 공간에서 이런 고온 고압의 점이 만들 수 있는 곳을 유추해본다면, 과연 그곳은 어떤 곳일까? 혹시 거대한 블랙홀의 중심점이라면 충분히 가능할 수 있다고 나는 어느 날 생각해보았다.

현대 과학에서는 아직도 블랙홀에 대해 밝혀낸 것이 많지 않기에, 형태적으로 비슷한 모양을 하고 있는 태풍이나 허리케인 혹은 국지적 회오리 돌풍을 예로 상상을 전개해 보았다.

여름철 우리나라에 자주 출몰하는 태풍의 경우 중심에 매우 또렷한 중심핵을 가지고 있다. 허리케인도 마찬가지로 중심부에 중심점이라 할 수 있는 작은 점을 형성하고 있다. 전체 크기에 비해서는 상대적으로 매우 작지만, 무게의 중심을 이루며, 전체의 균형을 갖게 하는 이곳이 태풍의 중심점이다. 중심점에서는 바람도, 비도 상대적으로 약한, 매우 고요한 지점이라고 알려져 있다. 바로 에너지의 중심이다. 또한 매우 강한 양전하 +극을 띤다.

점? 그렇다. 태풍의 핵이라고 부르는 곳, 점이라고 했다. 나는 어쩌면 블랙홀의 중심에서도 동일하게 블랙홀의 핵인, 점이 존재할 수 있다고 생각했다. 블랙홀도 태풍과 마찬가지로 소용돌이 구조를 가지고 있으며, 형태적 태생이 비슷한 까닭이다. 블랙홀 속에도 중심 핵인 점이 만약 존재한다면, 크기는 전체에 비해 매우 작을 것이며, 모든 무게를 지탱하는 에너지의 중심축에 위치할 것이다. 태풍과 마찬가지고 강한 양전하 +극을 형성하면서 말이다.

블랙홀은 자체로도 무거운 중력 덩어리다. 너무나 무거운 까닭에 빛조차도 빠져나올 수 없다고 알려져 있다. 블랙홀은 은하의 중심에 위치하고 있으며, 은하의 크기가 엄청나게 거대함에도 불구하고 이 은하들 속 수천억 개의 항성과 수조억 개의 행성들을 하나의 울타리 안에 가둘 수 있을 만큼이나 강력한 세력을 형성하고 있다. 나는 만약 블랙홀 속에 한 점이 존재한다면, 아니 한발 더 나아가 점 속에 우리의 우주가 생겨나 존재한다면, 우리는 바로 블랙홀의 핵 속에 존재하는 것이라고 더 과감하게 상상을 확장해 보았다.

이 대목에서 녹자분들은 곧바로 이렇게 생각할 것이다. 에이~ 그런데 블랙홀 속에서 어떻게 우리 같은 생명체가 살아남을 수 있겠어? 그리고 더구나 아무리 커다란 블랙홀이라고 해도 이 우주가 얼마나 큰데, 이런 공간이 그 속에 들어갈 수 있다고? 그렇다. 솔직히 나도 처음엔 수 없는 의심을 똑같이 반복했다. 수백 번 아니 수천 번쯤 의심했다.

블랙홀의 내부에서 이와 비슷한 한 점이 만들어질 가능성은 있겠지만, 이 우주공간을 어떻게 설명할 수 있겠는가? 이 의심은 너무나 당연한 의문이고, 많은 과학자들은 이 치명적 문제점 때문에 블랙홀을 용의자 선상에서 제외시켜 버렸는지도 모른다.

그냥 지금은 한가지만 생각해보자. 생명체의 존재 가능성, 우주의 크기 따위는 잊어버리고, 블랙홀이라는 조건, 즉 너무 무거워서 빛조차 빠져나오지 못하는, 우리의 은하 중심에서도 존재한다고 이미 밝혀진 이 블랙홀의 중심점이라면, 고온 고압의 한 점을 설명할 수 있다. 나는 가능성을 상상한 것만으로도 솔직히 매우 만족했다. 오래도록 진실을 밝혀내지 못하고 미궁에 빠진 사건을 추적하던 형사가 혹시 모를 범인의 것으로 추정되는 낯선 발자국을 찾았을 때와 같은, 그런 흥분 감에 휩싸였다.

참고)

아인슈타인이 생존했던 당시에는 블랙홀의 존재를 아무도 알지 못했다. 단지 그는 물리학과 수학적 계산만으로 볼 때, 블랙홀과 같은 괴물이 존재할 수도 있다고 추측했다. 그러나 아인슈타인은 그것의 존재를 본인이 수학적으로 설명하였음에도, 실제 존재에 대해서는 부정하였다. 우주공간에 그런 괴물 같은 존재가 있을 수 있다는 것을 끝내 인정하지 못했던 것이다. 하지만 결국 오늘날 우리가 아인슈타인을 이야기할 때 이 부분을 아인슈타인의 최대 실수라고 평가하기도 한다.

빛의 속도는 제한적이다

(액자의 틀 속에 갇힌 빛)

질문: 빛의 속도는 왜 더 빠르지 못할까?

빛의 속도는 약299,792km/s이다. 현대 과학에서 밝혀낸 관측 결과에 따르면, 그 어떤 조건에서도 빛의 속도는 시속 약 299,792km/s을 넘지 못한다. 마치 액자의 틀 속에 갇힌 사진처럼 속도가 제한적인 것이다.

정말이지 너무나 이상한 문제가 아닐 수 없다. 현대과학 조차 빛의 속도가 왜 제한적이며, 왜 어떤 것도 빛의 속도를 넘지 못하게 되는 지의 물음에 대한 수수께끼를 풀지 못하고 있다. 범인을 추적하는 형사가, 범인으로 추정되는 인물이 누군인지 분명히 알 것 같은데, 바로 정황은 있는데 증거가 없을 때,

증거 불충분으로 범인을 놓아주는 형사의 기분을 충분이 느낄 수 있는 바로 그 대목이다.

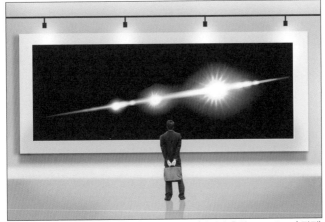

(이미지 출처 pngwing / 편집)

질문: 만약 거꾸로, 빛의 속도가 제한이 없다면?

제한이 없는 빛의 속도라면 어떻게 될까? 나는 어느 날 제한이 있는 빛의 속도와는 반대로 제한 없는 빛의 속도라면 어떨지 질문을 던지며 이런저런 상상을 하는 즐거움에 빠져 있었다.

첫번째, 시간여행이?

마치 일반열차가 있고 고속열차가 있듯이 마음대로 빛의 속
도가 달라질 수 있다고 가정해보자. 먼 훗날 화성에 이주해서
살고 있는 친구를 고성능 망원경으로 관찰하고 있었다. 망원
경 속의 친구는 화성에서 약13분 전에 출발했던 빛을 통해 보
는 것이니, 분명 13분전 과거의 모습이다. 그런데 일반 빛의
열차가 아닌 고속 빛의 열차를 타고 짠하고 친구 옆으로 갈
수 있다면, 그 순간 과거로 간 것이 된다. 그렇다. 빛의 속도
가 무제한이라면 타임머신이 가능하다는 이야기다. 만약 화
성까지 닿는 긴 털실을 연결해서 친구가 그 끝을 잡고 당기기
놀이를 하고 있다면 또 어떤 가? 이 털실의 끝은 과거 속에 존
재하는 털실일까? 현재의 털실일까? (...)

두번째, 만약 우리의 우주가 블랙홀 속에 있다면?

질문과 함께 블랙홀 속 우리의 우주를 상상으로 뒤섞어보았
다. 그리고 얼마 뒤 순간 나는 온 몸으로 감전된 것처럼 전기
가 타고 흐르는 것을 느꼈다. 만약 빛의 속도가 무제한 적이
라면 빛은 블랙홀 밖으로 빠져나왔을 것이란 생각이 짧고 강

하게 머리를 스치고 지나갔다. 즉 빛이 제한적인 속도를 갖게 된 이유는 제3의 힘에 의해 빛의 속도가 제약을 받았기 때문 이라고 생각되었다. 우리의 우주가 블랙홀 속에 있다는 범인 을 추적하는 나에게 이것은 매우 흥분되는 증거였다. 나는 우 리의 우주가 블랙홀 속에 살고 있다는 또 하나의 증거로 빛의 속도가 제한적인 점을 제시하는 바이다.

〈빛의 속도가 무제한이라면, 블랙홀은 빛이 나야 한다.
그러므로 빛이 나지 않는 블랙홀 내부의 빛은, 속도에
제약을 받고 있다는 중요한 증거이다〉

추가 상상)
나는 이렇듯 제한적인 속도를 가진 빛의 속성으로 인해 원자 의 모형을 새롭게 이해할 수 있는 계기가 되었다. 원자 내부 의 전자들도 역시 빛의 제한적 속도를 넘지 못하는 공통적인 문제를 갖고 있기 때문이다.
원자 내부에서 빛의 속도가 제약을 받는다는 것은 결국 빛의 속도가 원자의 크기를 결정하게 된다는 생각으로 이어졌다. 만약 빛의 속도가 무제한적이라면 원자는 지금보다 더 무거 워져, 원자의 형태도 지금과 달리 끊임없이 작아졌을 것이며,

우리의 우주는 아마도 무거워진 원자의 무게로 인해 모든 물질들은 붕괴되어버렸을 것이라고 추측해본다.

빛의 속도가 제한적이라는 점은 참으로 이상하지만, 한편으로 너무나 우아한 사실이다. 나는 언제나 이 부분에서 우주와 그 탄생이 아름답다고 생각했다.

빛의 속도가 제한적이란 이야기는 우리 우주가 블랙홀 속에 있다는 범인으로 추정된다. 다만 아직은 범인의 손목에 수갑을 채우기에는 너무 이르다. 혹시 다른 부분에서의 흔적은 없는지 여죄와 공범을 추적해 봐야 한다. 범인의 잡기위해서는 범인의 과거 흔적을 조사할 필요가 있다. 때문에 이 대목에서 잠시 과거 빛의 역사가 어떻게 흘러왔는지 잠깐 살펴보고자 한다.

빛의 역사

...

1900년대 초반, 이 때는 다른 어느때보다 빛에 대한 연구가 활발했던 시기라고 할 수 있다. 이 시기에 마이컬슨과 몰리라는 두 과학자가 있었다. 이 두 사람은 빛의 속도가 얼마나 되는지를 확인하기 위해 실험을 하게 된다. 쉽게 풀어서 이야기하자면 수많은 거울을 겹쳐 놓은 장치를 만들고, 멀리 떨어진 곳에 각각 설치한다. 그리고 빛을 보내, 서로 왕복운동을 시키며 빛의 속도를 측정하는 실험을 하였다. 마이컬슨과 몰리 두 과학자는 2가지의 서로 다른 방향에서 측정을 진행하였다.

하나는 지구의 자전 진행 방향이고, 다른 하나는 지구의 자전 반대 방향으로의 실험이었다. 실험은 수없이 많이 진행되었으며, 이들은 처음 예측한 결과와 달리 이상한 결과값을 얻게 된다. 분명 지구의 자전 방향으로 속도를 측정할 때와 그 반대 방향일 때, 다른 속도를 갖게 될 것이라고 예측했던 빛의 속도는 특이하게도 일치했던 것이다. 이 실험은 매우 유명한 실험으로 기록되었고 마이컬슨과 몰리는 이 실험의 결과로 노벨상을 받게 된다.

지금은 당연한 실험 결과물로 받아들여지지만, 당시로서는 매우 이해가 되지 않는 결과였다. 또한 이 실험 결과로 인해 에테르라는 개념도 100여년만에 역사속으로 사라진다. (에테르: 물의 파동처럼, 빛에도 매질 즉 에테르가 있을 것이라는 가설)

마이컬슨과 몰리의 실험이 있고 얼마 뒤, 이 실험결과를 매우 특이한 시점으로 바라본 한 사람이 있었다. 바로 천재 물리학자 아인슈타인이었다. 그는 만약 마이컬슨과 몰리의 실험 결과처럼 빛의 속도가 항상 일정하다면, 정말 그렇다면…! "시간이 변했을 것이다" 라는 기상천외한 상상을 하게 된다. 바로 이것이 우리가 정말 수없이 들었던 특수 상대성원리의 기본 골격이 된다.

아인슈타인 이전의 물리학계는 대표적으로 뉴턴의 시대였다. 아인슈타인이 등장하기 전까지, 당대 최고 물리학자였던 뉴턴의 생각으로는, 시간과 공간은 영원 불변하며 절대적이라고 굳게 믿고 있었다.

그러나 아인슈타인의 등장으로 인해 시간은 절대적이지 않다는 개념이 시작되었고, 이제는 속도가 시간에 영향을 준다는 사실을 의심하는 사람은 아무도 없다. 결국 물리학의 세계를 뿌리부터 흔들어 버리는 결과로 이어진 것이다. 이때부터 물리학의 개념들은 실로 빠르게 변화하기 시작한다.

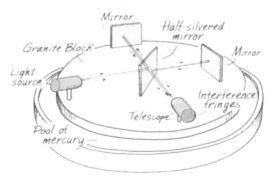

마이컬슨과 몰리의 실험

참고)

아인슈타인의 생각처럼, 시간이 변한다는 특수 상대성의 개념은 지구 밖 하늘 위를 돌고 있는 수많은 인공위성을 통해 실제로 밝혀졌다. 지구 위를 매우 빠르게 움직이는 위성은 일정 시간이 지났을 때 지구의 시계와 미세한 차이를 보인다. 때문에 수시로 시간을 바꿔주는 시간보정을 해야 한다. 인공위성의 빠른 속도 때문에 시간이 느려진 결과이다. 만약 이 시계를 보정하지 않으면, 인공위성이 보내주는 신호를 통해 작동하는 우리의 네비게이션들은 엉망이 될 것이라고 물리학자들은 설명한다. 아인슈타인의 생각이 맞았던 것이다.

우주의 팽창 속도가 빛의 속도이다

(빛의 속도로 커지는 액자)

현대 물리학의 관측에 따르면 빅뱅 이후, 우주는 오늘도 팽창을 계속 하고 있다. 만약 빛의 속도가 제3의 어떤 힘에 의해 제약을 받는다고 가정한다면, 우리 우주의 팽창 속도와 빛의 속도가 서로 일치할 것이라고 나는 생각했다. 작지만 아주 큰 차이를 가지고 있는 다음의 두가지 문장을 자세히 살펴보자.

첫번째: 빛의 속도로 우주는 팽창하고 있다.
두번째: 우주의 팽창속도에 의해, 빛의 속도가 결정(제한)된다.

위의 두가지 설명 글은 얼핏 보면 매우 비슷해 보이지만 분명히 다른 의미이다.

첫번째, 현재 현대물리학에서 설명하는 빛과 우주의 팽창 속도이다. 여기서는 빛의 속도와 우주의 팽창속도는 별개의 문제처럼 다뤄진다. 마치 우주의 팽창속도가 빛처럼 매우 빠르게 진행되고 있음을 설명하고 있다.

두번째 문상은 우주의 팽창속도에 의해 빛의 속도가 달라질 수 있다는 것을 의미한다. 만약 우주가 더 빠르게 팽창을 진행하면, 빛의 속도 역시 더 빠르게 움직이게 된다는 설명이다. 나는 이처럼 우리의 우주가 제3의 힘, 즉 외부의 힘에 의해 팽창을 하고 있으며, 이에 따라 빛의 속도가 제한을 받고 있는 것이라고 생각했다.

물론 한가지 아쉬운 점은 아직도 현대 과학에서 우주의 팽창 속도를 정확히 측정하지 못하고 있다는 점이다. 다만 현재의 과학과 관측 장비들을 통해, 우주의 팽창 속도는 빛의 속도에 가깝다고 추정하고 있을 뿐이다.

최근 허블 우주 망원경을 세대교체 하며 쏘아 올려진 관찰 망원경이 하나 있다. 바로 제임스웹 우주 망원경이다. 나는 이 녀석을 멋쟁이 제임스라고 부른다. 현재까지 인류가 쏘아 올린 관찰 망원경 중 가장 규모가 크고, 다양한 사진들을 보내오고 있어서, 우주와 천체를 좋아하는 분들의 많은 관심을 모으고 있는 중이다. 제임스웹 망원경의 여러 목적 중 큰 비중을 차지한 임무는 바로, 우주의 팽창속도를 측정하는 임무라고 알려져 있다.

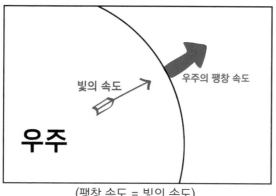

(팽창 속도 = 빛의 속도)

〈우주의 팽창속도가 빛의 속도와 같거나 작다면, 빛은 우주 밖으로 나가지 못한다. 이 모습은 외부에서 우리의 우주를 볼 때 빛이 없는 상태이며, 시간은 멈춘 것처럼 보일 것이다.〉 이것은 우리의 우주속에 존재하는 일반 블랙홀을 볼 때와 동일한 모습이다. 검게 보이며 시간이 멈춰 있는 블랙홀인 것이다.

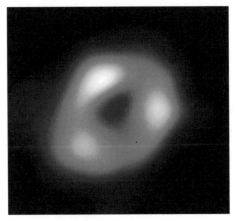

Event Horizon Telescope에서 포착한 궁수자리
중심의 블랙홀 (사진출처:천문연구원)

*참고) 위의 블랙홀 사진은 (열화상)적외선으로 촬영하였기 때문에
볼 수 있다. 실제 우리의 눈(가시광선)에서는 검게 보일 뿐이다.*

여기서 잠깐!

하지만 나는, 우주의 팽창 속도와 빛의 속도가 같다는 나의
설명과는 다르게, 제임스웹의 관찰 결과는 우주의 팽창속도
가 빛의 속도보다 빠르다는 결과를 제임스웹이 보내올 것으

로 예측하고 있다. 분명 우주의 팽창 속도와 빛의 속도가 같을 것이라고 했는데, 갑자기 팽창속도가 더 빠르다고 하면, 나를 분명 똥딴지 같다고 할 것이다. 찬찬히 나의 추가 설명을 들어 주길 바란다.

우주의 팽창속도가 빛의 속도보다 더 빠르게 측정되는 이유는, 바로 우리의 지구가 은하 내부에 위치하기 때문이다. 극단적인 예를 들어 설명해보자. 만약 여러분이 매우 무거운 행성에 착륙해 있다고 상상해 보자. 이 때 무거운 행성의 무게로 인해 시간이 느려져 있을 것이다. 시간이 느려져 있다면, 행성 안에서 빛의 속도 역시 느려진 상태일 것이다. 중력이 있는 모든 곳에서는 중력의 크기에 따라 모든 빛의 속도에도 차이가 있다고 나는 생각한다.

예를 들어서 태양으로부터 출발한 빛은 약간 느리게 출발하여 점점 속도가 빨라진다고 추측한다. 이것은 태양의 중력으로 인해 미세한 시간의 변화가 있었기 때문이다. 물론 지구의 관찰시점에서 본 결과이다.

우리는 우리 은하 밀키웨이 안에 존재한다. 제임스웹 망원경 역시도 우리 은하 속에 위치해 있기 때문에 분명 미세하게 시간이 느려져 있을 것으로 추정된다. 때문에 관측된 빛의 속도에 보정 값을 넣지 않는다면, 우주의 팽창 속도는 더 빠르게 측정될 것이다. 나는 이것을 "우주 팽창의 편차 값"이라고 이름 붙였다.

언젠가 밝혀지겠지만, 우주의 팽창속도를 나타내는 결과 값은, 우리 은하속에 위치한 지구의 위치가 우주 속 빈공간의 표준 시간 값과 얼마의 편차를 나타내는지를 알 수 있는 중요한 자료가 될 것이다. 우주팽창의 편차 값과 (2부 참조) 암흑물질 편에서 설명될 은하운동의 편차 값과 같은 값이기에, 우리의 우주가 블랙홀 속에 존재한다는 또 하나의 중요한 단서가 될 것이다.

정리)

⟨우주 팽창의 편차 값⟩

우리 은하 속 태양계는 블랙홀(은하중심)의 영향으로 시간과 빛의 속도가 다소 느려져 있다. 때문에 은하 바깥의 우주가 팽창하는 실제 상태와 다소 차이를 보일 것이란 추측이다. 나는 이것을 '우주 팽창의 편차 값'이라고 이름 붙였다.

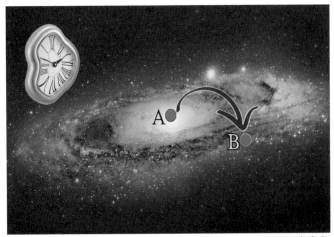

(이미지 출처 pngwing / 편집)

〈우주팽창과 은하운동의 편차 값이 필요한 이유〉

A, 은하의 중심은 블랙홀에 의해 시간이 느려져 있다.

B, 외각으로 갈수록 시간이 점진적으로 빨라진다.

때문에 은하 안에 위치한 지구에서는 우주의 팽창속도를 정확하게 측정할 수 없다.

〈우리 우주의 팽창 속도가 빛의 속도에 가깝다는 의미는, 우리 우주 밖에서 바라본 관찰자의 눈에 우리 우주는 빛이 없는 세상이며, 시간은 멈춰 있는 상태로 보일 것이다. 마치 블랙홀처럼...〉

빛의 속도는 변한다.

(흔들리는 액자)

...

질문: 우주의 팽창속도가 달라지면 빛의 속도 역시 달라질까?

나는 같은 사건을 요리 조리 돌려가며 살펴보는 것을 매우 좋아한다. 이번 이야기도 빛의 속도에 관한 이야기 중에서 매우 중요한 단서를 발견할 수 있는 주제가 될 것이라고 믿는다.

우리가 살고 있는 우주안의 모든 것들은 변화한다. 매우 고요해서 마치 영원할 것 같은 모든 것들을 포함해서 그렇다. 아주 천천히 변화하고, 천천히 움직인다. 마치 영화 오징어게임에서 술래가 눈을 가리고 "무궁화 꽃이 피었습니다" 를 말하는 동안, 술래 몰래 조금씩 움직이는 사람들과 같다. 나는 문제를 풀어가는 과정이 마치 오징어게임 속 수많은 사람들 중에서 그 변화를 감지하고 틀린 부분을 찾아내는 역할과 매우 닮아 있다고 생각한다.

제3의 힘(외부 블랙홀)의 진동으로 빛의 속도는 미세하게
떨리고 있을 것이라고 추측한다.

만약 우리의 우주가 제3의 힘(외부 블랙홀)의 영향을 받고 있다면, 빛의 속도는 매우 미세하지만 분명히 변하고 있을 것이라고 예측해본다. 물론 이 변화의 차이는 일반열차와 고속열차의 차이처럼 결코 크지 않을 것임은 분명하다. 매우 미세하기 때문에 흔들림 (떨림)을 조심스럽게 관찰해야만 한다.

이것은 마치 가만히 있을 것 같은 태양이 매순간 폭발에 의해 미세한 떨림을 갖는 것과 비슷하다.

첫번째 문제는 바로 빛의 속도이다.
현대 과학은 마이컬슨과 몰리의 실험 이후에도 여러 현대식 관측장비를 통해 빛의 속도가 일정함을 밝혀냈다. 그러나 우리의 우주가 거대 블랙홀 속에 존재한다면, 외부 블랙홀은 마치 거대한 살아있는 고래처럼 매우 천천히 포효하며, 지느러미를 육중하게 퍼덕일지도 모르기 때문이다.

두번째 문제는 측정 방식이다.
자연계 상태에서 빛의 속도를 매우 정확하게 측정하기란 실제로 어렵다. 빛의 속성상 진공의 상태 혹은 대기가 있는 상태에서의 속도가 차이를 보인다. 시시각각으로 달라지는 자연조건 속에서 빛의 속도가 미세한 차이를 보이고 있음을 측정하는 것은 한마디로 불안정하기 때문이다. 그렇다면 빛의 속도를 아주 정확하게 측정할 수 있는 장치와 방법은 아직 없는 것일까?
아니 있다. 과학계에서는 광속의 측정이 가능한 시설을 이미 갖추고 있었다. 어느 날 문득 나는 정밀한 빛의 속도를 측정

가능한 시설로, 유럽의 과학연합 세른(CERN) 연구소의 입자 가속기를 떠올렸다.

2008년 첫 가동을 시작한 세른의 입자가속기는 원자 내부에서 무게를 갖는 미스터리한 입자인 '힉스 입자'를 찾는 주요 목적을 가지고 만들어졌다. 지름이 9km, 둘레가 27km에 달하는 인류가 만든 최대 규모의 입자 가속기이다. 나는 입자 가속기의 특수 시설 속에서 입자의 속도를 일정하게 측정한다면 외부 간섭 없이 매우 깨끗하고 정확한 빛의 속도를 측정 가능할 것이라고 보았다. 그리고 여기서 관찰된 빛의 속도가 만약 나의 생각처럼 미세한 변화를 일으키고 있다면, 그것은 분명 우리의 우주가 텅 빈 공간속에서 태어나 광활한 자연상태에 놓여 있는 것이 아니라, 외부의 제3의 힘에 의해 변화를 일으키는 훌륭한 증거라고 생각하였다.

이 때문에 나의 관심은 세른 연구소와 관련된 기록 중 힉스가 아니라, 입자를 빛의 속도에 가깝게 회전시킬 때 측정된 광속의 속도 측정 기록이다. 현대과학에서 말하고 있듯이, 광속은 불변이어야 한다. 그런데 이 값은 항상 동일 값이 아닐 것이란 나의 예측이다. 솔직히 평범한 회사원인 나는 물리학자가 아니기 때문에 논문을 볼 기회도 없고, 전문지식이 짧아서 논문을 번역해서 볼 정도조차 되지 못한다. 단지 신문이나 뉴스에서 간간히 들려오는 소식에 귀를 기울일 뿐이다.

CERN 연구소가 처음 가동을 시작하고 얼마 뒤, 세상의 거의 모든 과학자들은 도대체 어떤 결과를 내 놓을지 궁금했었다. 심지어 당시에는 광입자 가속기 속에서 블랙홀이 만들어질 수도 있고, 인공적으로 만들어진 블랙홀에 의해 지구가 삼켜질 수도 있을 것이라고 추측하는 해프닝도 생겨났다. 그리고 얼마 뒤, 뉴스에서 이런 기사를 보았다. 입자가속기에서 측정된 입자의 속도가 빛의 속도보다 더 빠르게 측정되었다는 기사였다. 물론 이 뉴스에서는 입자의 속도가 빛의 속도에 비해 0.000001 초 정도의 속도가 더 빨랐다고 밝혔다. 대다수의 사람들은 매우 작은 차이를 단지 측정오류 정도로 생각할 수 있겠지만, 측정할 때마다 미세한 차이를 갖는다면, 그것은 나에게 큰 의미로 해석되었다.

그 이후 나는 매우 아쉽게도 세른연구소에서 빛의 속도에 관한 다른 뉴스는 접하지 못했다.
만약 우리의 우주가 블랙홀 속에 있다는 나의 추측이 맞는다면, 우리 우주를 둘러싸고 있는 블랙홀도 하나의 생명체와 같을 것이다. 회전할 것이고, 주변의 항성들을 시시각각 집어삼킬 것이다. 마치 거대한 엔진처럼 그 힘과 에너지를 갖고 있으며, 우리가 본적도 없고 결코 알 수도 없는 공간에서 활발한 활동을 하고 있으리라고 생각한다.

나는 이런 일들이 지금도 우리를 감싸고 있는 우주 밖 외부 블랙홀에서 미세한 진동으로 나타날 것이라 믿는다. 만약 그렇다면 우리가 빛의 속도를 측정했을 때, 매우 미세한 영역 즉 0.0000001 보다도 더 작은 단위 속에서는 분명, 변화가 감지되어야 한다고 생각했다. 우주의 크기와 그 규모를 생각해 봤을 때, 이 변화는 매우 미세하지만 그 차이를 보이며 측정될 것이 분명하다. 또한 미세한 변화의 측정은, 우리가 블랙홀 속에 살고 있다는 분명한 증거가 될 것이라고 생각했다.

혹시라도 내 생각처럼 광입자 가속기를 통해 빛의 속도 변화가 존재한다면, 미세한 변화를 오랜 기간동안 측정하고, 그래프로 그려볼 수도 있을 것이다. 그리고 관측된 자료들과 연구를 통해 우리 우주를 감싸고 있는 제3의 존재에 대해, 그 크기와 힘을 가늠할 수 있을지도 모른다.

(참고)

CERN의 연구진들은 광입자 가속기를 통해 입자를 빛의 속도에 가깝게 가속시킨 후에 그 입자를 충돌시키면 그 곳에서 무게를 갖는 물질인 힉스 입자가 튀어나올 것이라고 추측했다. 물론 현재는 상당한 연구 성과를 얻어냈다고 전해진다.

그러나 나의 개인적 추측으로, 원자에서 무게를 갖는 입자인, 힉스 입자는 존재하지 않는다고 생각한다. 물론 힉스와 관련해서 세른 연구소는 얼마전 관련된 업적을 얻었다고 공식 발표하였다. 그럼에도 나의 '힉스가 존재한지 않는다' 는 생각에는 변함이 없다. 아마도 나는 염소의 뿔을 달고 사는 고집쟁이 인가보다. (이 설명은 3부 원자에서 이어짐)

반성문)

빛의 속도와 관련된 자료에 대하여, 여러분들께 너무나 죄송스럽다. 빛의 속도와 그 미세한 변화에 대하여, 장황하게 나의 의견을 말 하였음에도 불구하고, 나는 아직, 지금 이 순간에도 세른연구소의 광속에 대한 자료를 얻지 못했다. (다시 말하지만 나는 그저 평범한 회사원이고 동네 아저씨일 뿐이다.) 분명히 수년간에 거쳐 연구되어져 왔고, 세른의 연구실

컴퓨터 어딘 가에 누구의 관심도 없이 남아 있을 빛의 속도와 관련된 자료를 말이다. 나의 변명처럼 들릴 수도 있겠지만, 어쩌면 너무나 좋아하는 사탕 한 개를 주머니 속에 감춰두고는, 그 맛을 상상만 하고 있는 어린아이의 마음이라고 이해해 주길 바란다.

CERN 입자 가속기 외부/내부   (사진 출처: 네이버 지식백과 / 물리산책)

수축하는 우주

(Squeeze Universe)

...

질문: (투명 유리 방 속) 아무것도 없는 텅 빈 공간 속에 나와 나의 친구가 1미터쯤 떨어진 사이를 두고 의자에 앉아있다. 그런데 갑자기 친구와 나와의 거리가 멀어지며 서로 작게 보이기 시작한다면, 과연 공간 안에서는 무슨 일이 벌어진 것일까?

이 두 사람은 보이지 않는 유리방의 텅 빈 공간에 있었기에 바람에 날아갔거나, 평범한 의자에 앉아 있었으니 갑자기 없던 바퀴로 인해 달리지도 못했을 것이다. 그렇다. 나는 여러분들에게 우리의 우주 안에서 일어나고 있는 실제 현상에 대해서 이야기하고 있는 중이다.

질문에서 유리방은 우리의 우주이고, 나와 친구는 은하이다. 우리의 우주 속에서는 이처럼 은하와 은하들이 서로 멀어지고 있다. 이상하게 보이는 이 현상을 현대 물리학에서는 아직 설명하지 못하고 있다. 현대 과학자들은 우주의 빈 공간 속에 알 수 없는 무언인가 있어서 서로를 밀어내고 있다고 추측할 뿐이다. 그리고 그 알 수 없는 무엇인가를 '암흑물질' 이라고 부른다.

다시 문제로 돌아와 보자. 만약 나와 친구가 있는 투명 유리방의 모든 것들이 팽창하거나 수축한다고 상상해보면 어떨까? 그 안에 있는 우리는 그것을 알 수 있을까? 그것을 유추해 내는 일은 결코 쉬운 일은 아닐 것이다. 마치 포토샵에서 두 사람을 드래그해서 줄이고 있다고 하면 더 이해하기 쉬울 것이다. 만약 그렇게 된다면, 여러분의 시선상에는 친구분이 점점 작아지고 동시에 멀어지는 것처럼 보이게 될 것이다.

이해를 위해, 조금 더 극단적인 사건으로 만들어보자. 여러분과 친구분이 땅콩 한 알의 크기처럼 작아져서 바닥까지 닿을 정도로 작아졌다고 상상해 보자. 그럼 여러분과 친구분은 실제 1미터의 거리가 아닌 50미터 혹은 100미터 이상의 아주가물가물 멀리 있다고 느끼게 될 것이다. 그렇지만 방안에 앉아있는 우리는 그것을 알기는 쉽지 않다. 만약 우리에게 줄자라도 있어서 크기를 가늠할 수 있다면 몰라도, 기준을 잡는 어떤 크기나 기준이 없기 때문이다. 마치 어느 영화속에서 보듯, 쌀알만큼이나 작아진 사람들이 사는 도시 속에서는 모든 것들이 정상인 것처럼 여겨지기 때문이다. 그렇다면 이제 여기서 가장 중요한 질문을 해본다.

질문:
첫번째, (유리방의 빈 공간에서 앞에 앉은) 친구가 점점 가까워지며 커지고 있다.
두번째, 이번에는 반대로 (유리방의 빈 공간에서 앞에 앉은) 친구가 점점 작아지며 멀어지고 있다.

위 두가지 상황질문 중에서 어떤 것이 공간이 커지고 있으며, 어떤 것이 공간이 줄어들고 있다고 생각되는가? 위의 두가지 질문처럼 방안의 수축과 팽창의 결과는 사실 눈에 보이는 것과는 전혀 다르게 〈거꾸로〉이다. 방안의 친구와 내가 멀어지고 있다면, 공간은 줄어들고 있는 것이며, 만약 공간이 팽창하고 있다면 친구와 나는 가까워지고 커져야 맞다.

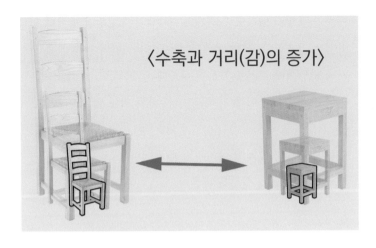

〈수축과 거리(감)의 증가〉

큰 의자와 작은 의자에 앉아있을 때를 상상해보자.
의자의 실제 위치는 변하지 않지만,
수축/팽창에 따라 거리(감)가 늘거나 줄어든다.

이제 본격적으로 우리의 우주와 연결 지어 상상을 이어가 보자. 현대과학에서는 우리의 우주가 팽창하고 있음이 분명하게 관측되었다. 그리고 은하와 은하 간의 거리도 매우 빠르게 서로 멀어지고 있다는 것도 관측을 통해 밝혀졌다.

그렇다면 이제 다시 묻지 않을 수 없다. 우리의 우주는 팽창하는 것인가? 아니면 수축하는 것인가? 처음 질문처럼 수축과 팽창이 거꾸로 된 결과를 나타내는 관찰 결과가 맞다고 가정한다면, 지금 우리의 우주는 팽창이 아닌, 수축하고 있다는 증거이다.

또한 현대 과학에서 은하 간의 거리가 가속 팽창하고 있음으로 관측되는 이유 역시 〈우주가 수축되는 과정에서 증가되는 거리감이 점점 가속되기 때문이다.〉

만약 이미 관측된 은하 간의 가속 팽창 값과, 사진(의자) 속 의자 간의 거리 가속감을 수학으로 계산한다면, 아마도 일치할 것이라고 생각한다. 은하 간의 시간대비 팽창 거리감이 등가속으로 우 상향하는 그래프로 그려질 것이란 뜻이다. 이것이 수치상 맞다면 우리의 우주가 수축하고 있다는 매우 중요한 증거이다.

(계산으로 보여주고 싶지만... 아쉽게도 나 동네 아저씨는 수학을 잘 못한다. ㅜㅜ)

그래서~! 나는 내가 평소 많이 다루었던 포토샵을 이용해서 값을 임의 측정해보았다. 수학 방정식보다는 다소 원시적으로 보이긴 해도, 나름의 원하는 답을 구하는 것에 만족스러웠다. 다음의 그림은 일정한 비율로 줄어드는 두개의 사각형이다. 그리고 역시 마찬가지로 일정하게 줄어드는 줄자를 이용해서 두 사각형 간의 거리를 측정하였다.

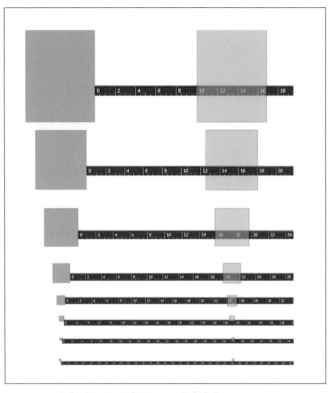

일정 비율로 줄어드는 두 사각형과,
일정 비율로 줄어드는 줄자를 이용한 거리 측정

각각의 거리와 그 차이를 보여주는 다음의 표 에서처럼 두개
의 사각형 간의 거리 차이가 점점 더 크게 커지는 것을 볼 수
있다. 즉 은하 간의 거리가 가속 팽창하는 것과, 두개의 사각

형이 서로 가속 멀어짐이 동일한 값으로 관측된 것이다. 실제로 두 사각형 간의 실제 거리는 〈동일한 위치에 있지만 줄어드는 줄자로 인해 가속 팽창하는 것처럼 보인 결과이다.〉

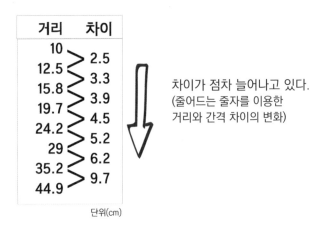

거리　차이

10
　　　2.5
12.5
　　　3.3
15.8
　　　3.9
19.7
　　　4.5
24.2
　　　5.2
29
　　　6.2
35.2
　　　9.7
44.9

단위(cm)

차이가 점차 늘어나고 있다.
(줄어드는 줄자를 이용한
거리와 간격 차이의 변화)

나는 팽창과 수축이라는 단순한 질문이었음에도 불구하고 매우 커다란 변화를 가져오는 결과 때문에, 나 조차도 충격과 놀라움이 컸다. 어떻게 이럴 수 있을까? 우리의 우주는 팽창하고 있던 것이 아니란 뜻인가? 어쩌면 지금까지 우리의 현대 물리학은 그동안 수축하는 우주의 밤하늘을 관측하면서, 우주가 팽창하고 있음으로 해석하고 놀라워했는지도 모르겠다.

우주가 수축한다는 의미 속에는 우주를 구성하는 기본 구성의 원자가 그 크기를 바꿀 수 있기다는 뜻이다. 또한 원자가 크기를 바꿀 수 있는 이유는 바로 빛의 속도 때문이다. (3부 원자에서 이어짐) 이 변화의 순서를 정리하면 다음과 같다.

빛의 속도 -〉 원자의 크기 변화 -〉 우주의 팽창(착시)

우리는 스스로 시간의 변화를 느낄 수는 없다. 모두에게 시간은 정상으로 흐르기 때문이다. 다만 크기의 변화와 제한적 빛의 속도를 통해 우리 외부의 힘(압력)을 유추할 뿐이다.

〈만약 우리의 우주가 수축을 하고 있다면, 그동안 무언 가에 의해 은하와 은하를 서로 멀어지게 한다고 믿었던 암흑 물질은 존재하지 않는 것이 된다. 현대 물리학에서 그토록 찾고자 애쓰고 있는 암흑 물질이란 것은 결국, 우주의 수축으로 인해 나타나는 자연스러운 멀어짐 현상이었던 것이다.〉

실제로 공간이 수축하거나 팽창한다고 하는 가설은 매우 괴상해서 받아들이기가 쉽지 않다. 이뿐만 아니라, 1부에서 다뤄진 모든 이야기, 빛의 속도가 제한적인 이유, 우주의 팽창

(암흑물질의 이해)
우주의 수축으로 인해, 은하간의 거리(감)가 멀어짐

속도가 빛의 속도에 가깝다는 이유 등등 지금까지 이야기한
모든 이야기들 중 듣기 편한 것은 하나도 없다.

그럼에도 나는 이보다 더 신기하게 느껴지는 것은, 우리의 우
주가 블랙홀 속에 있다고 가정하고 상상을 이어가면서, 우리

의 현대물리학이 우주에 대해 가지고 있었던 알 수 없는 현상들을 너무나 자연스럽고 편안하게 설명할 수 있게 된다는 것이 놀라울 뿐이다.

심지어 그동안 현대물리학에서 최대 궁금증이라고 여겨졌던 미지의 암흑물질도 여기에 포함된다.

〈나는 수축하는 우주에 빅뱅이라는 이름대신 쪼그라든다는 의미의 "스퀴즈 유니버스" *Squeeze Universe* 라고 별명을 일단 붙여주었다.〉

블랙홀 속에서 끝없이 수축하고 있는 우주 (우리의 우주를 둘러싸고 있는 블랙홀) 우리의 우주는 제3의 블랙홀 속에서 끝없이 수축하고 있다.

우주가 수축을 한다고 가정하고 바라볼 때, 현대 물리학에서 풀지 못하는 문제들인 우주의 팽창은 물론 암흑물질 그리고 은하의 가속 팽창까지도 자연스럽게 설명할 수 있다. 나는 이것이 괴상하고 아이러니하다.

증거물 목록

...

하나, 빅뱅에서 추측할 수 있는 고온 고압의 한 점은 블랙홀의 중심점과 닮아 있다.

둘, 빛의 속도가 제한적이다. 만약 그렇지 않다면 블랙홀이 빛날 것이다.

셋, 우주의 팽창속도와 빛의 속도는 같다. 제3의 외부 힘에 의해 빛의 속도가 결정된다.

넷, 빛의 속도는 미세하게 변한다. 제3의 외부 힘에는 미세한 진동이 있을 것이다.

다섯, 우주가 수축한다. 내부 관찰자의 눈에서 우주의 팽창이란, 외부 관찰자에게는 거꾸로 수축을 의미하기 때문이다.

여섯, 은하 간의 거리가 가속팽창 하고 있다.

증거물 목록에는 항상 다른 어느 것보다 마음에 쏙 드는 증거물들이 있기 마련이다. 나는 둘째 증거물 빛의 속도가 제한적인 것을 찾아냈을 때 그리고 다섯째 수축하는 우주가 거꾸로임을 찾았을 때, 여섯째 팽창하는 은하의 가속 이유를 찾았을 때 얼마나 커다란 행복감을 느꼈는지 모른다.

빅뱅의 순간 미지의 공간 속에서 고온, 고압의 한 점이 팽창을 시작하였으며, 현재의 우주를 만들었다고 현대 물리학에서는 설명하고 있다. 그러나 이에 반하는 나의 엉뚱하고 이해하기 힘든 이야기들, 특히나 블랙홀의 중심핵에 존재하는 것도 모자라 끝없이 줄어들고 있다는 수축의 가설은, 독자분들이 받아들이기에 쉽지 않을 것이다.
물론 나는 독자분들의 이해와 설득을 구하고자 이 글을 쓰는 것은 결코 아니다. 게다가 이 글에 대해 동의나 찬성표를 기대하지도 않는다. 여러분들의 찬성과 반대로 인해, 지구의 자전이 어느 날 멈추거나 회전하지는 않기 때문이다.

다만 지식을 관장하는 신이 존재한다면, 정말 묻고 싶다, 하필 나같이 하찮고 평범한 회사원에게 이런 호기심을 던져 주었을까 하는 궁금증이다. 나보다 더 훌륭한 사람을 선택했더

라면... 싶은 아쉬움이 든다.

2부에서는 암흑물질에 관한 이야기를 더 이어갈 예정이며, 3부의 원자에서는 우리의 우주를 포함한 블랙홀과 그리고 모든 물질들이 어떻게 하나로 연결되어 작동되는지를 설명할 예정이다.

그동안 내가 바라본 우주는, 원자의 단위에서 우주에 이르기까지, 모든 것이 하나로 연결된 상태이며, 모든 것을 하나의 고리로 통합되어 있었다. 초속 약 30만km/s 바로 이 빛의 속도를 넘지 못한다는 것이, 바로 그 연결의 끈이다. 빛의 제한적 속도는 원자의 크기와 구성에도 영향을 준다고 나는 상상했다. 게다가 원자는 풍선처럼 닫힌 구조가 아니라 도너츠 빵처럼 열린 구조를 갖고 있기 때문에, 빛의 속도에 따라 얼마든지 그 크기를 변할 수 있게 만든다고 보았다. 세상의 모든 것들이 원자로 구성되어 있다는 가설이 맞는다면, 모든 물질은 빛의 속도에 의해 크기가 결정되는 것이니 말이다.

즉, 원자에서 우리의 우주, 그리고 우주 밖 제3의 존재에 이르기까지 모두가 하나로 연결되어 있다는 의미이다. 또한 이 모든 것을 연결하는 것은 다름아닌, 빛의 속도가 제한적이라는 사실이다. 거시적 관점에서 바라본 이 우주의 구성은 한마디로 아름답다고 밖에 표현할 방법이 없을 정도다.

프롤로그2 (Apéritif)

태풍이 불던 날

...

2008년 어느 늦여름의 토요일 오후, 태풍이 북상하고 있다는 뉴스가 있었지만, 내가 살고 있는 경기 북부지역은 바람만 평소보다 조금 더 불고 있었다. 다니던 회사를 그만두고 조그만 방구석에서 인터넷 쇼핑몰 사업을 시작한지 벌써 2년째다. 아내와 나는 그동안 여러 번의 경제적 위기상황을 조마조마 넘겨냈고, 이제는 숨쉴 수 있는 작은 여유가 조금씩 자리를 잡는 듯했다. 사업장은 22평 남짓의 낡은 아파트였다.

2년차쯤부터 안방은 이미 물건들로 양보한지 오래되었고, 거실은 물론 베란다와 세탁실까지 당시 쇼핑몰 판매로 취급했던 오토바이 헬멧들로 온통 가득했다. 아파트의 모든 공간을 헬멧들에게 점령당했다는 표현이 오히려 더 적절했다. 초등학생 아들과, 아내, 나 이렇게 세 식구는 마치 전쟁통에 피난 온 피난민처럼 세탁실 옆 제일 작은 방안에서 함께 모여 살았다. 나의 퇴근은 심플하다. 거실의 작업대에서 몸을 옮겨 우리 가족의 보금자리 작은 방안으로 들어와 방안 한 켠 높이 쌓여 있는 이부자리 옆으로 기대듯 쓰러지면 된다. 그날도 어쩌면 그랬어야 했는지도 모른다.

택배기사가 배송물건을 챙겨 나가면서 던져 주고간 새 티셔츠를 아내는 아들의 몸에 꾸깃꾸깃 집어넣고 있었다. 한눈에 아무리 봐도 작았다. 택배기사가 떠나고 나서 전화벨이 울렸다. 오토바이 동호회에서 단체 주문한 헬멧의 수량이 부족하다고 했다. 하필 토요일 오후라니.. 나는 외투를 다시 걸치고, 아내에게 저녁식사 전까지 돌아오겠다고 했다. 마치 찐빵에 끈을 묶은 것처럼 보이는 옷을 싫지 않은 듯 입고 있던 아들이 "아빠 나두~" 라며 동행을 청했다.

나는 낡은 다마스 자동차에 시동을 걸었다. 빗방울이 한 두 방울 떨어지기 시작했다. 와이퍼를 움직여 보니, 벅벅 소리를 내며 앞유리를 더러운 먼지로 덮을 지경이었다. 그래도 다행이다. 나에게는 CD플레이어가 있다. 운전을 하면서 늘 음악을 들었는데, 10년도 넘은 낡은 다마스를 중고로 처음 사올 때부터 라디오가 고장나 있었다. 나는 컴퓨터에 쓰이는 CD 플레이어를 뜯어서 다마스의 대시보드에 양면테이프로 고정하고 선들을 연결했다. 덕분에 음악이 생겼다. 물론 과속방지턱을 넘을 때는 덜컹 소리와 함께 CD내 음악들은 처음부터 다시 들려주는 능력도 지녔다. 어쨌든 내가 좋아하는 안드레아 보첼리의 CD를 폼 나게 끼워 넣고 출발했다.

보조석의 아들은 조금 흥얼거리고 혼자 놀더니 고개를 깔딱거리며 어느새 잠이 들었다. 동부 간선로에 진입할 무렵 비가 사납게 퍼붓기 시작했다. 순식간에 그렇게 많은 비가 내리는 것은 난생 처음이었다. 차량의 지붕에서 팝콘 튀기는 소리가 유난히 크게 들렸다. 한 30분쯤 서행으로 밀려서 가더니 어느 순간 모든 차들이 멈춰버렸다. 왠지 모든 게 순조롭지 않을 것 같았다. 한참 전부터 사이렌 소리가 멀리 어디선가 오래도록 들려오고 있었다.

그렇게 멈춰진 채로 벌써 날은 어두워졌다. 나는 고객에게도 전화해서 사정을 설명하고, 아내에게도 전화를 걸었다. 뉴스에는 폭우로 인해 동부간선도로 지하도가 침수되었다고 했다. 아마도 이곳에서 5분쯤 전방에서는 상황이 심각한 모양이다. 조금전에 깨어난 아들은 화장실이 급하다고 보챈다. 새로 산 옷이 몸에 너무 끼었는지 불편하다고 또 칭얼거린다. 나는 쏟아지는 비를 함께 맞으며 길가 풀숲에 소변을 보게 해주었다. 쏟아지는 폭우로 순식간에 속옷까지 몽땅 젖어버렸다. 소변을 보던 아들이 힐끔 나를 쳐다보더니, 묻는다.

 '아빠, 블랙홀은 어떻게 생겼어?'

나는 이 순간 블랙홀이 궁금해하는 아들 승환이의 물음에, 실소 같은 미소가 생기지 않을 수 없었다. 그나저나 아무리 급했어도, 집에서 출발할 때 옷이라도 편한 것으로 입혀서 나올 걸 하고 생각했다. 하긴 누가 이렇게 오래 걸릴 줄 알았던가 말이다. 그래도 나의 우주 이야기를 가장 잘 들어주는 유일한 친구는 이 녀석 하나뿐이다. 나는 평소처럼 이야기를 시작했다.

'블랙홀은 말이지, 블랙홀은…' 이렇게 아들에게 천천히 말하고 있던 나는 갑자기 온 몸에 전류가 타고 들어오는 느낌이 들었다.

순간 마치 번개의 전류에 감전된 것처럼 으악! 하고 소리를 질렀다. 소변 보던 아들도 나의 놀람에 놀라 함께 소리를 질렀다.

"그래 수축하고 있는 거야! 우주는 팽창하고 있는 것이 아니라 거꾸로 수축하고 있었던 거야!" 나는 그렇게 소리치고 있었다.

비는 밤 늦도록 하늘에 구멍이라도 뚫린 듯 퍼부어 댔다. 그날 서울의 여러 곳에서는 태풍에 의해 침수 피해가 심각했다고 뉴스는 전했다.

2부 암흑물질

개요정리

...

1부에서 나는 우리의 우주가 블랙홀 속에 존재한다는 이야기를 꺼내 보았다. 빅뱅의 시작과 제한적인 빛의 속도, 그리고 우리의 우주가 팽창이 아닌 수축을 한다는 가설까지 이야기하였다.

현대 물리학에서는 왜 우주가 팽창을 하고 있는지 명쾌한 해석을 하지 못하고 있다. 우주의 팽창 문제를 해결하기 위해서 현대 물리학은 암흑물질이라는 일종의 함수를 끼워 넣었다. 우주가 팽창하는 이유를, 암흑물질이 밀어내고 있기 때문이라고 본 것이다. 우주에는 항성과 행성 그리고 그 집합체인 은하를 제외하면, 빈 공간의 면적이 85% 이상을 차지하고 있다. 때문에 과학자들은 우주 속 암흑물질이 85% 이상이라고 설명한다. 그러나 아직도 현대과학에서는 이 암흑물질의 존재에 대해서는 밝혀낸 것이 없다.

오늘날도 전세계 수많은 과학자들은 미지의 암흑물질을 찾기 위해, 주변의 간섭이 적은 곳을 찾아가 연구를 진행하고 있다고 전해진다. 낡은 탄광이나 지하 연구소처럼 깨끗한 천연의 장소를 찾아 암흑물질이라는 입자를 발견할 수 있기를 바라는 것이다. 과거 원자의 핵을 발견했던 레더퍼드 역시 2만 번에 가까운 반복되는 연구 실험을 통해 알파입자가 튕겨져 나오는 것을 관측할 수 있었다고 하니, 전 세계 과학자들의 열정과 노력에 감사한 마음과 박수를 보내지 않을 수 없다.

1부를 함께 해왔던 독자분들이 만약 나의 가설을 충분히 검토했다면, 이제 암흑물질을 어렵지 않고, 쉬운 접근으로 해석할 수 있을 것이다. 만약 우리의 우주가 수축을 하고 있다면, 그동안 은하와 은하를 서로 멀어지게 하는 미지의 물질, 즉 암흑물질은, 존재하지 않는 셈이기 때문이다. 암흑 물질이란 것은 결국, 우주의 수축으로 인해 나타나는 자연스러운 멀어짐이라는 것이 나의 해석이다. 즉 암흑물질 현상의 원인은 "시간"의 변화이며, 우주 외부의 제3의 힘이 원인이라고 나는 생각한다.

암흑물질의 문제는 우주의 팽창 뿐 아니라 또 다른 곳에서도 나타나고 있다. 바로 은하의 회전운동이다. 물리학자들은 여러 차례 관찰을 통해, 하나의 단일 은하 속에서 회전하는 수많은 항성들이 마치 아날로그식 시계의 시침 분침이 움직이듯, 안쪽과 바깥쪽의 항성들 모두 동일하게 줄을 맞춰 회전하고 있음을 관측했다. 은하의 모든 항성들이 판박이 그림처럼 회전하는 현상은 뉴턴의 물리법칙에 위배되기 때문에 문제가 된다. 특히나 은하처럼 회전반경이 큰 경우라면 더욱 그렇다. 내부에 비해 외부로 갈수록 회전은 조금씩 느려져야 기존 물리법칙에도 맞고, 상식적이기 때문이다.

나는 은하가 시계바늘처럼 회전하는 현상을 시간과 공간의 변화로 해석하였다. 과거 아인슈타인은 특수상대성에서 속도에 의해 시간이 변한다고 보았다. 그리고 빛의 속도가 제한적이기 때문이라 설명하듯 여기에 나는 한가지 더 추가하여, 공간도 역시 변한다고 본 것이다.

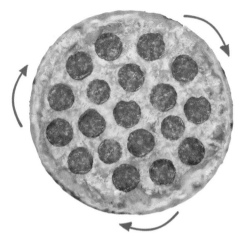

실제 은하의 회전은 피자판의 토핑처럼 모든 항성들이
동일한 위치에서 회전하고 있는 것으로 관측된다.

시공간은 같은 개념이기 때문에 만약 시간이 변할 수 있다면, 공간 또한 변할 수 있다고 생각한 것이다. 앞으로 전개될 내용들은 우주의 수축에서 잠시 벗어나, 은하 내부의 블랙홀과 그 주변의 항성들에 대한 이야기들이다. 나 또한 이것을 이해하는데 오랜 시간이 필요했던 소재이기 때문에 따로 떼어서 2부로 묶어보았다. 이해를 돕기 위해 중요 내용들을 짧게 정리하고 시작하겠다.

첫번째, 공간은 변한다.

아인슈타인은 빛의 속도가 제한적이라면, 속도에 의한 시간이 변했다고 보았다. (특수 상대성) 그런데 여기서 만약 시간마저 고정한다면? (시간의 고정이란, 외부의제3 관찰자의 시점에서 본 객관적 시간으로 고정한다는 의미다.) 나는 그 결과로 공간이 변한다고 생각한다. 그리고 시간과 속도를 제한한 상태에서 나타난 공간의 변화와 특징을 '상대적 공간' 이라고 나는 이름 붙였다.

두번째, 뮤온 입자

뮤온은 태양으로부터 분출되어 나온 여러 입자 중 하나이다. 속도는 빛의 속도에 가깝다. 지구의 관찰자가 바라본 뮤온의 시간과 공간은, 실제 뮤온의 입장에서 본 시간과 공간이 다르게 흐른다는 것을 보여준다. 상대적 공간을 설명할 수 있는 매우 좋은 사례이다.

위의 두가지 '상대적 공간' 과 '뮤온' 의 사례를 통해서 본 관점들을 은하의 원반 회전운동에 접목하여, 은하의 회전운동에서 어떤 사건들이 일어나는지를 설명해 보려는 것이다.

이 과정들은 우리의 우주 속 은하 안에서 일어나는 매우 특이한 현상이며, 우리의 우주속에서 시공간이 어떻게 작동하는지를 잘 보여주는 귀한 사례들이다. 중력과 시간의 변화, 공간의 특이성 등의 물리학적 관심이 깊은 독자분이라면 매우 흥미 있는 이야기가 될 것이라 생각한다.

상대적 공간

...

이해를 돕기 위한 참고로 아인슈타인의 중요한 정리 다음 몇 가지만 기억해보자.

1. 속도가 빨라지면 시간은 상대적으로 느려진다.
(특수 상대성)
2. 무게가 무거워지면 시간은 상대적으로 느려진다.
(일반 상대성)
3. 위의 1번과 2번은 같은 값을 갖는다. (등가의 법칙)
4. 참고로 시간은 상대적으로 느려졌을 뿐, 본인들의 시간은 정상적으로 흐른다.

아주 짧게 아인슈타인의 상대성과 등가의 법칙에 관련하여 정리하였다. (많은 책들과 인터넷을 통해 상대성 이론에 관련된 상세한 이야기를 접할 수 있기 때문에, 이 책에서는 다루지 않으려고 한다.)

질문: 아인슈타인은 빛의 속도가 제한적이기 때문에 시간이 바뀌었다고 추측하였다. 그렇다면 반대로 시간을 고정시키면? 이번엔 공간과 거리가 변하게 될까?

결론부터 이야기하면 조금 괴상하게 들릴 수 있겠지만, 나의 생각은 '그렇다' 이다. 거리가? 공간이? 바뀐다고 하면 쉽게 받아들여지지 않는 대목이다. 분명 그렇다. 과거 뉴턴은 시간과 공간은 절대적이며, 불변의 존재라고 생각해왔다. 당시에는 그 누구도 시간과 공간이 절대적임을 의심하는 사람이 없었다. 그러나 1900년대 초 아인슈타인의 등장으로 시간이 변할 수 있음을 증명하였다. 바로 빛의 속도가 제한적인 이유 때문이었다.

우리가 시공간이라고 부르는 시간과 공간은 각각의 독립적인 시간 또는 공간이 아니다. 시간과 공간은 하나의 개념으로 보아야 맞다. 시공간을 같은 개념이라고 설명할 수 있는 결정적 이유는 너무나 단순하다. 시간이 존재하기 때문에 공간도 존재하는 것이기 때문이다. 따라서 시간이 흐른다는 것은 공간도 변화한다는 뜻으로 읽어야 맞다. 시공간 즉 시간=공간이라는 등식이 자연스럽게 성립하기 때문이다. (물론 나는 이 개념을 이해하는데 아주 오랜 시간이 걸렸다. 그리고 시공간이 하나임을 설명하고 이해하는 것은 결코 간단치는 않다. 이 또한 실제로 매우 괴상하기 때문이다.)

나는 우리가 살고 있는 우주에서의 '시간'은 우주의 팽창속도, 즉 공간의 변화와 관계를 갖는다고 생각했다. 〈우리의 우주에서 시간이 흐른다는 것은 어딘가에서 같은 만큼의 공간이 변화를 일으키고 있다는 뜻이며, 이 때문에 우주의 팽창속도가 빛의 속도와 동일할 것이라고 추측할 수 있었던 것이다.〉

나는 아인슈타인이 생존당시, 그는 시간이 고정되면 공간이 변할 것이란 사실도 어쩌면 이미 알고 있었을 것이라고 추측해본다. 그러나 당시에는 시간이 변한다는 것만으로도 충분히 받아들이기 어려운 개념이었을 것이다. 때문에, 공간마저 변한다고 상상하기에는 무척이나 난해하고 접근하기 곤란한 개념이었을 것이라고 추측해본다.

다시 우리의 상상을 처음 우주의 시작점으로 되돌려보자. 빅뱅이 시작된 그때 한 점에서 공간이 탄생했다. 공간의 탄생과 동시에 시간도 함께 흐르기 시작했다. 현재 관측된 연구에 따르면 우리 우주의 나이는 137억년 그리고 우주의 크기는 450억 광년에 이른다고 알려져 있다. 이상하지 않은가? 시간과 공간이 같은 개념이라면 우주의 나이와 우주의 크기는 동일해야만 할 것이니 말이다.

현대 물리학에서 과학자들은 우주의 나이와 공간이 다르게 보이는 이유로 다음과 같이 설명하고 있다. 초기 빅뱅의 상태에서 공간은 빛의 속도보다 더 빠르게 팽창할 수 있었기 때문에, 초기 우주에서 공간은 더 넓게 우주를 구성할 수 있게 되었을 것으로 해석하고 있다.

나는 현대물리학적 관점에서 본 설명에 대해 의문을 갖는다. 시간과 공간은 같은 개념인데, 우주 탄생 초기에는 공간만 더 빠르게 팽창했다는 것이 이해가 되지 않았다. 아무리 생각해 보아도 자연스럽지 못한 해석 같았다.

그리고 어느 날 나는 우주의 나이와 공간이 차이를 보이는 것은 당연하다는 생각이 문득 들었다. 시간, 즉 지구에서 측정된 빛의 속도 초속 약 30만km/s을 지구인의 시간으로 바라보았기 때문이라고 생각했다. 만약 지구 주위를 돌고 있는 인공위성이 빛의 속도로 움직였다고 가정해보자. 빛의 속도로 움직인 인공위성에서는 시간이 느려진다. (특수 상대성) 지구에서 측정된 동일한 1초보다 시간이 느리게 흘러갔다는 의미다. 결국 지구에서 본 인공위성은 지구에서의 1초보다 느려진 시간만큼 더 진행할 수 있었을 것이라고 생각되었다.

그래서 나는 다음과 같은 이상한 유추를 해보았다. 빛의 이동 거리는 실제로 우리가 알고 있는 초속 약 30만km/s 보다 더 많았던 것은 아닐까? 어쩌면 빛이라는 속도의 우주선을 타고 시간을 재어본다고 상상해보자. 빛의 속도로 움직이는 우주선에서는 아인슈타인의 특수 상대성에서 설명하였듯 분명 시간이 느려졌을 것이다. 지구에서의 시간으로 관측할 때는 분명 1초가 지났지만, 빛의 속도로 이동하는 우주선에서 아직 1초가 지나지 않았을 것이기 때문이다.

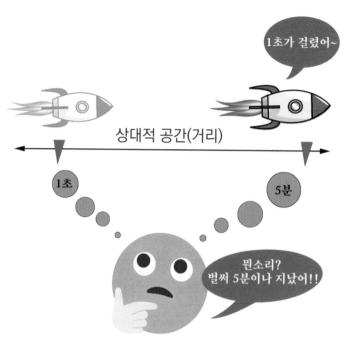

서로의 시간이 달라졌다면, 공간(이동거리)도 달라져야
맞다. 나는 이것을 '상대적공간' 이라고 정리했다.

즉 빛의 속도는 상대적으로 동일하지 않으며, 속도에 따라서
시간이 바뀐다면, 중력에 따라서도 바뀔 것이다. 즉 빛의 속
도는 환경마다 모두 다르다는 결론을 얻게 되었다.

정리)

빠르게 움직이거나 무거운 중력을 가질 때, 시간은 상대적으로 느리게 흐른다. (일반, 특수 상대성)

이때 시간과 함께 한 쌍을 이루고 있는 공간은 느려진 시간만큼 상대적으로 더 많이 움직인다. 상대적 공간이란 시간과 속도를 고정한다면, 거리(공간)가 상대적으로 변한다는 뜻이다. 그리고 나는 이것에 '상대적 공간' 이라고 일단 이름 붙였다.

만약 우주의 나이 137억년이고 우주의 크기 450억광년이라는 관찰 값이 맞다는 전제하에 (실제로 우주의 크기는 관측 결과가 점점 늘어나고 있다.) 이 값으로 대비해서 시간의 느려짐을 계산해본다면, 그 값은 약 3.13배 느려진 시간으로, 실제 1초동안 빛은 3.13배 많은 거리인 약94만km/s의 거리를 이동했을 것으로 추측된다. 느려진 빛의 시간으로 인해 더 많은 거리를 이동한 것이다. 분명 지구에서의 시간에서는 초속 약30만km로 움직인 것이 분명히 맞다. 지구의 시간으로 측정했기 때문이다. 그러나 빛의 입장에서는 1초동안의 동일한 시간에 이보다 더 많은 거리를 이동했던 것이다. (앞서 은하의 팽창이 점점 가속적이 듯, 시간의 느려짐도 역시

점진적으로 가속 적인 값이라 생각한다.)

다음에 설명하게 될 뮤온 입자의 특성을 보면, 아마 조금 더 이해가 잘 될 것이라고 생각한다. 실제로 뮤온은 내가 우주에 관심을 갖기 시작한 초기에 많은 호기심을 자극하는 이야기였다. 즉 지금 내가 쓰고 있는 이 글들은 실제 나의 상상의 과정을 시간상 거꾸로 써 내려가고 있다는 뜻이다.

뮤온

...

뮤온이라는 녀석이 있다. 뮤온은 태양의 폭발 활동에 의해 태양 표면으로부터 방출되는 많은 입자들 중 한 가지다. 뮤온의 특징은 첫번째, 다른 입자들과 마찬가지로 광속에 가까운 속도로 움직이며, 두번째는 지구의 대기권과 만나는 순간, 바로 사라지기 때문에 평범한 지구의 도시에 사는 분들은 평생 뮤온을 만나는 일이 절대 없다. 뮤온은 지구 대기권에서 2.2 μs(100만분의 2.2초)만에 사라지기 때문이다.

이처럼 대기권에서 사라져야 할 뮤온 입자가, 일부 관측 과학자들이 히말라야의 높은 고산지대에서 연구활동을 하던 중 뮤온을 발견한 것이다. 이것은 실제로 있을 수 없는 일이었기에 과학자들은 이 뮤온의 발견을 매우 신기하게 생각했다. 그리고 연구 끝에 이 발견을 과학자들은 이렇게 결론 짓게 된다. "뮤온은 태양으로부터 방출된 입자로 그 속도는 거의 빛의 속도에 가깝다. 빛의 속도에 가까워지면 시간이 느려지고, 이때 느려진 시간만큼 뮤온이 더 이동한 것이다."

현대 과학자들의 이러한 발표는 매우 놀라웠다. 대기층에서 바로 사라져야 할 뮤온이 더 많은 거리를 이동한 상태에서 발견된 것이니 말이다.

⟨나는 이것을 다음과 같이 정리해보았다.⟩

① 뮤온은 지구인의 시간으로 대기층에서 사라져야 한다. (맞다.)

② 그러나 뮤온의 시간으로는 이보다 더 진행된 후에 사라졌다. (뮤온의 입장에서 이 역시 맞다.)

이것을 우주의 나이와 크기가 달랐던 점에 대비하여 설명하면 다음과 같다.

① 우주의 나이는 137억년이다. (지구의 시간으로, 맞다)

② 우주의 공간은 450억 광년 또는 그 이상이다. (빛의 시간으로, 이 역시 맞다.)

좀 더 쉬운 설명을 위해 영화 인터스텔라에서 등장한 이야기로 풀어보자. 영화 속 주인공들은 중력이 무거운 행성에 탐험선을 타고 착륙한다. 단 20분 동안 급박하게 상황을 마치고 모선으로 돌아가보니 모선을 지키고 있었던 선원은 23년 4개월 8일이나 지나버려 나이든 할아버지가 되어 있었던 장면을 기억할 것이다.

인터스텔라 영화 속에서 시간이 상대적으로 느려진 것은 행성에서 탐사를 하던 주인공들이다. 만약 걸음의 숫자를 세어주는 만보기를 허리춤에 채우고, 행성에 잠시 착륙했던 주인공들의 총 발걸음 수와, 모선에서 대기하던 승무원의 총 발걸음 숫자를 비교하여 체크해 본다면 가장 쉽게 이해할 수 있을 것이다. 모선에서 대기하고 있던 선원의 발걸음 수, 즉 거리가 더 많았을 것이란 의미다.

상대적으로 더 늘어난 거리에 대해, 나는 공간이 상대성을 갖는다고 보았다. (상대적 공간) 우주안에 존재하는 모든 은하와 행성과 항성들은 모두 제각기 다른 시간 값을 서로 가지고 있다. 때문에, 서로 모두는 다른 공간과 거리의 값을 갖게 된다는 의미이다.

이제 다시 뮤온의 사건과 접목시켜 정리해보자. 뮤온에게는 상대적으로 시간이 느려졌기 때문에 뮤온이 더 진행해서 나아갈 공간이 늘어났던 것이다. 때문에 100만분의 2초라는 짧은 시간동안 대기권에서부터 사라져야 할 뮤온은 실제로 대기권을 한참 지나쳐서 히말라야 고산지대에서 뮤온을 만날 수 있었던 것이다.

모선은 23년의 시간 동안
행성 주위를 수없이 회전함
(시간이 빨라짐/이동 거리가 많음)

주인공 일행은
단 20분 동안
행성 탐험
(시간이 느려짐/
이동거리가 짧음)

초중력의 가상 행성

영화 인터스텔라 /가상 상황 연출 (이미지 출처: Pngwing/ 편집)

시간대비 움직인 거리에 주목~!
행성을 잠시 탐험하던 주인공 일행과 모선에서 기다리던
선원의 시간 차이는 실제로 움직인 거리에서 차이가 다르게 나타난다.
즉 시간이 달라지면, 상대적으로 거리가 달라진 결과이다.

은하의 원반운동

...

이 이야기를 하기위해서 앞부분의 설명이 너무 길었다. 다소 어렵고 난해한 부분도 있었지만 그래도 매우 흥미로운 전개였다고 생각한다. 그럼 이제부터 은하의 원반운동과 암흑물질의 세계를 풀어보도록 하자.

우리 은하는 그 크기가 엄청나다. 지름이 대략 10만광년인 것으로 알려져 있다. 즉 빛의 속도로 우리의 은하 끝에서 끝을 여행하려면 무려 10만년이란 시간이 걸린다는 뜻이다.

현대의 천문 관측자들은 오랫동안 우리 은하 밖에 있는 외부 은하들을 유심히 관찰하던 중 매우 이상한 점을 발견하게 된다. 바로 하나의 단일 은하에서, 은하의 중심부와 외각 지역이 마치 피자 판에 얹은 페페로니처럼 동일하게 빙글빙글 움직이고 있다는 사실이다. 마치 시계바늘이 움직이듯이 안쪽의 항성과 바깥쪽 항성들의 움직임이 고정되어 있는 듯 관찰되기 때문이다.

10명의 군인들이 서로 나란히 옆면을 보며, 가로로 줄을 맞춰 행진을 하고 있다고 해보자. 이 때 10명이 동시에 좌회전을 시작한다. 좌측 첫번째 군인은 천천히 방향만 바꿔주면 된다. 그러나 4~6번째쯤 군인은 빠른 걸음으로 움직여야 하며, 9~10번째 군인은 각도를 유지하기 위해서 뛰어야 할 것이다.

이것을 다시 은하에서의 행진과 비교해서 보면, 은하의 중심부에 있는 항성들은 천천히 자기 속도에 맞춰 도는 것에는 전혀 이상할 것이 없다. 그러나 점점 외각으로 갈수록 중심부에 있는 항성들과 줄 맞춰 행진하듯 회전하기 위해서는 점점 빠른 속도로 회전해야 한다. 그리고 은하의 외각 끝 쪽에 있는 항성들은 미친듯이 회전해야만 중심부와의 각도를 맞출 수 있다. 은하의 크기가 10만광년에 이른다면, 모든 항성들이 줄 맞춰 움직인다는 것은 불가능에 가깝다.

때문에 외각 쪽에 있는 항성들은 조금씩 늦춰질 수밖에 없어야 하는데, 실제 은하를 관찰한 결과는 예상 밖으로 같은 각도로 회전하고 있는 것이다. 이것은 과거 전통적인 물리학에서 이야기하는 뉴턴의 운동법칙을 위배되는 관측결과이다.

현대 과학자들은 은하의 이상한 원반운동에 대해서 여러가지 다양한 해석을 내놓고 있다. 그 중 하나는 중심부에는 항성들이 많이 모여 있기 때문에 마치 출퇴근 길에 도시에서 차가 밀리듯 느리게 진행하는 것이라고 설명하기도 하였고, 또 다른 과학자들은 암흑물질의 영향을 받고 있다고 설명한다. 그러나 아직까지 암흑물질의 존재에 대해서 밝혀내지 못하고 있기 때문에 은하의 회전 현상은 현재까지 아무도 정확한 설명을 하지 못하고 있다.

그럼, 이제부터 앞서 이야기하였던, 상대적 공간, 그리고 뮤온의 사례를 통해서 내 나름의 방식으로 은하의 회전운동에 관해 하나씩 그 문제를 풀어가 볼까 한다. 앞서 우리는 뮤온 입자가 빛의 속도로 날아왔기 때문에 시간이 느려졌고, 그로 인해 더 많은 공간을 진행해서 히말라야 산맥까지 도착한 것을 이야기했다.

이번에는 은하다. 은하의 중심에는 블랙홀이 자리잡고 있다. 이 블랙홀의 중심에서는 그 무게로 인해 시간이 거의 멈추었거나 느려져 있다. (일반 상대성) 이때 시간의 느려짐은 점진적이며 외각으로 갈수록 시간의 값이 빠르게 변해갔을 것이다. 이것은 마치 뮤온에서 관측하였던 결과와 같이, 은하 내부의 항성들 움직임에도 동일한 변화를 주었을 것이라고 생각했다.

〈은하의 중심으로부터 점진적으로 빨라진 시간의 흐름 때문에, 은하의 중심부에서 외각으로 갈수록 항성들이 더 많은 발걸음을 옮길 수 있었을 것이다.〉

앞서 인터스텔라 영화에서 보았듯, 만약 항성들에게 만보계를 채웠다면, 외각으로 갈수록 더 많은 공간을 움직였다는 의미이다.

〈결국 점차 느려진 시간으로 인해, 은하내의 항성 움직임의 거리가 조금씩 변하는 것을 "은하 운동의 편차 값" 이라고 이름 붙였다. 또한 은하의 편차 값은 1부 우주의 팽창 속도가 빛의 속도보다 조금 더 빠르게 측정될 것이라는 설명과도 이어진다. 우주 팽창의 편차 값 = 은하 운동의 편차 값〉

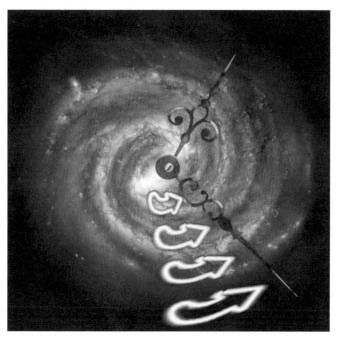

(은하운동의 암측 물질은 시간의 변화 / 화살표=시간의 양)

블랙홀의 중력에 의해 외각으로 향할수록 시간이 점점 빨라진다. 때문에 더 많은 거리를 이동한 것이다. (은하운동의 편차 값, 상대적 거리)

우리의 지구도 역시 은하 속에 존재하며, 은하의 편차 값을 갖고 있기 때문에, 만약 지구에서 우주의 팽창을 측정할 경우 편차 값이 생길 것이라 추측하였던 것이다. 결국 은하운동의 편차 값은 우주 팽창의 편차 값과 같기 때문이다.

〈나는 은하 중심의 블랙홀이 만든 시간의 점진적 변화는 상대적 공간으로 인해 공간의 점진적 차이를 만들어 냈으며, 나는 이것이 은하 내부에서 일어나고 있는 중력과 시간의 변화 때문이라고 결론지었다.〉

추가 호기심 질문:
그렇다면 블랙홀의 영향을 전혀 받지 않고 있는 은하와 은하의 사이의 넓고 텅 빈 시공간은 과연 어떤 모습을 하고 있을까?

같은 관점으로 은하의 바깥을 한번 살펴보자, 은하가 지닌 괴물 같은 힘의 블랙홀로부터 영향을 받지 않고 있는 은하와 은하 사이의 텅 빈 검은 공간을 떠올려보자. 좀 전에 은하의 이상한 회전운동과 관련하여 이 미지의 텅 빈 공간을 바라보게 되면, 이곳은 더 많이 이상한 곳이 된다. 같은 방식으로 은하

밖의 공간에 만보계를 채운다면, 은하 내부보다도 더 많은 움직임을 관측할 수 있을 것이니 말이다.

즉 우주 내부에서 바라본 우주의 팽창이란 문제를, 은하의 관점으로 바라보아도 은하와 은하 간의 거리는 멀어지고 있으며, 1부에서 우주가 수축하고 있다는 시각으로 바라보아도 은하 간의 거리는 동일하게 서로 멀어지고 있는 것이다. 다만 이 두가지의 팽창은 다른 특성과 공통된 특성을 두가지나 뒤섞고 있어서, 보는 이로 하여금 골치가 아플 뿐이다.

정리)

어쩌면 현대 물리학에서 암흑물질이라고 불리며, 우주의 85%이상을 차지하는 공간은, 내가 상상하였던 우주처럼 수축을 하고 있는 지극히 자연스러운 우주 공간이다. 오히려 이 공간들 사이에 있는 은하들에 의해 시공간이 왜곡되고, 뒤죽박죽으로 어지럽히는 듯 보이지만, 상대적 시점으로 바라보면, 문제될 것이 전혀 없다.

어디 이것 뿐만이 아니다. 은하들이 함께 모여 있는 은하단과 같은 대규모의 은하 군집지역에서는 은하 간의 팽창속도가 서로 다르게 측정될 수도 있으며, 전체 집단이 가지고 있는 중력의 영향에 의해 분명히 또 다른 시공간의 왜곡이 매우 복잡하게 일어나고 있으리라 생각한다. 마치 우리가 밤하늘 속에 바라보는 별들의 모습이 실제 시간 순서가 거리에 따라 과거와 현재가 뒤섞여 뒤죽박죽의 모습으로 보는 것처럼 말이다. 단지 현재 지구의 시간에서 모든 것은 동일하며, 일정하게 보이는 오해를 갖기에 너무나 충분하다.

〈문제의 핵심은 중력에 따라 빛의 속도가 달라지기 때문이다.〉 인터스텔라 영화속에서 주인공 일행이 도착한 행성은 매우 무거운 중력으로 인해 시간이 느려졌다. 시간이 느려진 행성에서 주인공 일행이 만약 빛의 속도를 측정했다면 과연 어땠을까? 아마도 빛의 속도 역시 느려진 시간만큼 속도가 느리게 측정되었을 것이다.

그렇다면 (빛의 속도=시간=공간) 이라는 등식이 만들어진다. 그리고 속도가 느려져 제한적인 빛의 속도를 갖고 있다는 것은 이제 거꾸로, 무거운 중력 속에 존재한다는 의미로도 해석된다. 우리의 우주에서 관측한 빛의 속도가 제한적인 것과 마찬가지로 말이다.

우리가 살고 있는 지구에서의 시간과 빛의 속도는 표준 값이 아니다. 우리의 은하 밖으로 나아가 어떠한 영향도 받지 않는 순수 공간에서 만들어지고 있는 시간과 빛의 속도와 차이가 있을 것이다. 그 차이를 나는 은하운동의 편차 값이라고 이름 붙였던 것이다.

만약 누군가가 이 복잡한 우주를 풀고자 원한다면, 우주 공간에서 일어나고 있는 모든 복잡한 문제들을 그들 각자의 상대적 시공간으로 읽어내야 한다. 마치 아이의 눈높이에서 아이를 바라보는 엄마가 무릎을 살짝 굽히고 어깨를 숙이듯 말이다.

시간과 공간은 하나의 세트이다. 지구에 살고 있는 우리가 지구의 시간이 아닌 각자의 상황속에 존재하는 시공간으로 사건을 바라볼 때, 단순해지고 쉬워진다. 우주의 나이와 크기가 서로 다르게 측정되듯 암흑물질 역시도 우리의 시간으로 주관적 관찰을 하고 있기 때문에 미스테리 하게 보였을 뿐이라고 나는 생각된다.

다차원 속 우주

...

차원이라고 하는 것을 간단하게 설명한다면, 도심 속 전기줄을 바라보는 것과 비슷하다. 우리는 그저 검은 한 선으로 보일 뿐인데, 만약 검은 전선 위를 개미들이 기어 다니고 있다고 상상한다면, 전선 위 개미들은 새로운 차원이라고 볼 수 있다. 다시 또 개미의 잔털 주변을 진드기 벌레나 세균들이 모여서 살고 있다면, 또 하나의 차원 속 세계이고, 세균들에게는 이보다 더 작은 바이러스들이 붙어 있다면 역시 또 다른 차원이 존재하는 것이라고 볼 수 있다.

이처럼 만약 우리의 우주가 블랙홀의 중심에서 생겨났다면, 분명 그 블랙홀을 감싸고 있는 우주가 또 있을 것이다. 그리고 우리 우주에서도 역시 어느 블랙홀 속에서 또 새로운 우주가 탄생하고 있을지 모른다. 나는 이렇게 우리의 우주를 알 수 없는 N차원 속에 존재한다고 생각한다.

시간은 불변이고 공간도 절대 불변이라는 뉴턴 시대의 과학 자들이 믿었던 개념들이 조금씩 허물어지고 있는 과학 시대에 살고 있다. 나는 우리가 학교에서 배우는 숫자들의 세계가 0을 비롯 -1이 존재하듯이, 우리의 공간과 시간에서도 0과 -1의 시공간이 존재한다고 생각된다. 공간과 시간이 절대적 이라는 개념이 사라지면, 그 어떤 공간이라도 시간은 존재하 거나 사라지기도 하며, 어떤 형태로든 자유로운 것이라고 상 상이 이어지기 시작한다. 마치 인형속의 인형이 여러 겹으로 둘러 쌓여 있는 러시안 인형 마트료시카처럼 말이다.

3부 예고)
3부에서는 우주를 구성하고 있는 가장 작은 단위이며, 모든 물질의 기본을 구성하는 '원자'의 이야기를 시작하려고 한 다. 물질의 구성과 올바른 이해는 이 우주를 해석하는데 가 장 핵심이다. 따라서 원자의 이해가 틀려지면, 우주의 시작 부터, 모든 생성과 소멸의 과정을 틀린 방향으로 이해할 수 밖에 없다.

물론 허술하기 짝이 없는 나의 지식들은 기초가 매우 부족한 이유로 마치 소설처럼 느껴질 수도 있지만, 적어도 이런 형태의 원자가 현재의 우주를 설명할 수 있지 않을까? 라는 측면에서 많은 시간 고민을 하였다. 그리고 돈키호테와 같은 엉뚱함으로 이 이야기가 독자분들께 보일 지도 모르지만, 그럼에도 나는 우주에서 시작하여 원자로 연결되는 이해를 통해, 이 모든 전체의 모습이 우아한 동그라미라고 이야기하고 싶다.

러시안 인형 마트료시카　　　　　　　(사진출처 : pixabay)

만약 최초의 우주가 존재한다면, 그곳은 자연상태의 순수한 공간이었을 것이다.

순수의 공간 안에서 존재하는 빛의 속도는 제약이 없는 무제한의 속도를 갖는다. 때문에 최초의 공간에서 탄생한 우주는 멈추지 않고 끝없이 수축하며 매우 작은 검은점으로 관측될 것이다. 마치 불꺼진 방처럼 온통 어두운...

나는 매일 밤 최초의 우주와 마주하며 잠에 든다.

프롤로그3 (Amuse bouche)

나의 물리학 이야기

...

뜬금없지만 잠깐 내 소개를 한다. 나는 작은 쇼핑몰을 운영한다. 그리고 물리학을 정식으로는 한 번도 배운 적이 없다. 물리학 공부를 제대로 해본 적이 없는 내가 물리학 이야기를 쓰고 있는 지금의 나로서는 솔직히 부끄러운 이야기가 아닐 수 없다.

게다가 엉뚱하게도 나의 전문은 상품 디자인이다. 온라인 쇼핑몰을 운영하면서, 상품 사진을 찍고 포토샵으로 상품들을 소개하는 것이 나의 주된 밥벌이 일이다. 나의 포토샵 작업은 많이 어설프다. 역시나 한 번도 배운 적이 없고, 어깨너머로 익힌 탓에 밖에서는 직업이 포토샵을 한다고 말해본 적이 없을 정도다. 이즈음 되면 밥을 먹고 사는게 신기할 다름이라고, 늘 스스로 생각한다.

우주에 대한 사색을 시작한 게 언제부터 인지 정확히 잘 기억나지 않는다. 너무 자주 길을 잃어서 길 치이며, 사람 이름, 날짜, 기념일 등을 잘 기억하지 못한다. 늘 모든 것이 어설프고 부족한 편이다. 낮 시간 보다는 남들이 다 잠든 새벽에 깨어나 일을 하며, 다큐멘터리를 좋아하여 포토샵 작업을 할 때 모니터 2대 중 한쪽에는 늘 다큐멘터리를 켜 놓고 일을 하는 습관이 생겨났다. 시간이 길었을 뿐, 우주를 좋아하는 그저 다른 사람들과 특별히 다르지 않다.

나는 내가 좋아하는 책과 다큐를 찾으면, 수없이 반복해서 보는 습관을 가지고 있다. 요즘 표현을 빌리자면 '덕후' 다. 내가 자주 보았던 다큐는 '우리의 우주는 어떻게 작동되는가' 아마도 BBC에서 제작한 7부작으로 몇 번을 보았는지 모른다. 칼세이건의 코스모스도 수 없이 많이 본 명작이었다. 후속작인 닐 타이슨 해설의 코스모스도 말할 수 없는 감동의 연속이었다. 브라이언 해설의 '원자', '양자역학' 도 수십번을 본

듯하다. 이 밖에도 대략 100기가 분량의 다큐들을 반복해서 보는 것을 좋아했다.

많은 사람들이 드라마를 보면서 눈시울을 붉히곤 하듯이, 나는 우주 다큐를 볼때마다 감동을 느끼고 가슴이 벅차 오름을 느낀다. 최근에는 다큐 보기를 그만 두었지만, 우주 다큐 보기를 즐기기 시작한 것은 아마도 20년쯤 된 듯하다.

어린 조카들이 집에 놀러 오면, 거실에 빔프로젝트를 켜서 코스보스 다큐를 보여주곤 했다. 조카들을 잠들게 하는데 30분이면 충분했다. 오히려 나만 혼자 아침까지 남아서 시리즈 전부를 또 다시 끝내곤 했다.

같은 이야기의 다큐멘터리를 수없이 반복해서 보면서 이상하게도 틀린 점이 하나씩 찾아지기 시작했다. 마치 영화속의 옥의 티를 찾아내듯 말이다. 다큐 속에서 찾아낸 수상한 점들은, 모이고 합쳐지면서 하나의 이야기들로 만들어졌다. 그렇게 조심스럽게 모인 이야기들은 커지고 자라서 어느 순간 꺼내지 않으면 안 될 것 같은 무게감으로 내 머리속을 차지하게 되었다.

더구나 글을 쓴다는 작업이 얼마나 힘든 지 너무나 잘 알기 때문에, 머리속을 가득 채운 물리학적 상상들을 꺼내는 작업은 외과적 수술과 비슷하게 느껴졌다. 어쩌면 주인공 몸 안에 자라고 있는 외계 생명체를 꺼내는 SF영화 에얼리언처럼 말이다. 솔직히 이제는 생각의 무게를 덜어내고 다시 평범한 일상으로 돌아가고 싶어하는 나의 몸부림일지도 모르겠다.

어쨌든 이 이야기를 하는 이유는, 독자분들께서 이 책에는 그 흔한 참고문헌이나 물리학적 방정식 등등이 없는 것을 이상하게 여길까 싶어서 이기도 하다. 지금 내 글 속에는 참고문헌이 전혀 없는 이유는 참고문헌을 본 적이 없기 때문이다. 지금도 사전적 정의를 찾기 위해서 한두 번 네이버 검색을 이용한 것 이외에는 그 어떤 책이나 참고서적도 참고한 것이 없다. 때문에 여러분들이 나를 엉터리 약장수 쯤으로 여겨도 나는 할 말이 없다.

여러분들도 보았듯이 이 책에 쓰여진 모든 이야기들과 상상들은 기존의 현대물리학과는 많이 다르다. 나의 개인적 상상과 추측으로 대부분 이야기가 다뤄지고 있다. 내가 아인슈타인과 비교되는 것은 정말 부끄러운 일일 수 있지만, 아인슈타인 역시 그의 초기 논문에는 참고문헌이 거의 없었다고 전해진다. 새로운 생각과 새로운 길에 참고할 자료가 부족한 것은, 너무 당연하고 어쩔 수 없다고 생각한다.

또한 오로지 나의 기억에 의존하여 글을 적어 나간 탓에 틀린 부분도 많이 있을 것이다. 앞서 이야기하였듯 나는 그저 평범한 동네아저씨다. 부족한 지식으로 틀린 부분에 대해서는 너그럽게 봐주고, 개념의 큰 틀에서 이해를 구하고 싶다.

아인슈타인의 일반 상대성 초고 원고 (출처: 네이버 이미지 검색)

3부 원자

행복이란 녀석은 작은 소주잔 같아..
너무 작아서 금방 채워지기도 하고,
아무리 욕심껏 부어도 더 채워지지 않거든

우주는 조금씩 알 것 같은데
이놈은 모르겠어

정말 미스테리야...

정리개요

...

원자의 형태를 단순히 글로 적는다는 것은 쉬운 일이 아니다. 마치 밤하늘을 한 번도 본 적이 없는 어느 누군가에게 우리의 태양계를 설명하는 것과 비슷할 것이다. 때문에 서두에 원자의 역사를 매우 간략하게 정리 설명하였다. 현대물리학에서 이야기하는 원자의 형태는 전자가 구름처럼 퍼져 있으며, 확률로 나타난다고 설명하고 있다. 그러나 내가 상상하는 원자의 형태를 설명하기 위해 나는 많은 부분들을 수정해야 했다.

⟨첫번째는 전자이다.⟩
1) 나는 원자를 입구와 출구가 있는 도너츠 형태로 보았다. 이때 전자는 에너지를 외부로 운반하는 전달자이다. 해마다

여름철이면 찾아오는 태풍과도 닮아 있다. 태풍의 구름 속에서 충분해진 전하가 일으키는 낙뢰처럼, 전자도 역시 에너지 상태가 높은 불특정 부분에서 만들어내는 에너지 분출이라고 보았다. 이처럼 원자가 너무나 독특한 점은, 열과 운동 등 에너지를 자기장과 전자적 에너지로 변환하여 분출하는 순환적 구조에 있다고 생각한다.

2) 원자는 +극의 중심 핵과, −극의 전자가 서로 소통하는 구조로 (연결은 아니지만 연결된 듯 정보를 주고받는 뉴런의 시냅스 신경전달 연결처럼) 서로 끌어당기며 균형을 이루고 있다고 생각한다.

〈두번째는 빛의 속도이다.〉

원자의 크기를 결정하는 주요 이유는, 바로 빛의 속도이다. 나는 빛의 속도가 제한적인 것이 원자의 세계에서도 매우 중요한 역할을 한다고 생각한다.

〈세번째는 원자핵이다.〉

나는 원자핵이 존재하지 않는다고 생각한다. 원자의 핵이 없다는 것이 아니라, 원자의 핵은 원자가 만들어지는 과정에서 생겨난 에너지의 집합점으로 보았다.

〈세번째는 원자의 탄생이다.〉

원자의 핵이 이렇게 특별한 조건에 따라 만들어진 것이라면, 원자는 언제든 새로 만들어질 수도, 소멸될 수도 있다고 보았다.

〈네번째 원자의 형태 유지〉

빛의 속도로 회전하는 원자 내부의 에너지 파동은 원자의 시간을 느리게 하며, 무게를 만든다. 이때 만들어진 무게는 원자를 내부로 끝없이 끌어당기며 하나의 독립된 중력장의 세계를 만들게 된다.

위의 네 가지의 조합에 의하여, 열과 압력이 충분해졌을 때 우리의 우주를 구성하는 모든 원자들이 생겨났을 것이라고 추측했다. 즉 순수한 에너지 상태에서 원자가 만들어질 수 있다고 생각한다.

나는 태양과 같은 항성들은, 원자를 생산하는 공장이라고 생각한다. 극장에서 영화관람을 하며 흔히 먹는 팝콘을 예로 들어, 작은 옥수수 알갱이들이 버터기름 속 뜨거운 열에 의해 탁, 탁 소리를 내면서 부피가 늘어난 맛있는 팝콘이 탄생한다. 팝콘이 생겨난 사건을 거꾸로 필름을 돌리듯 살펴보자. 쉬지 않고 폭발하는 태양의 표면에서는 실제 눈에는 보이지 않지만, 이와 비슷한 버블들이 만들어질 것으로 상상된다. 그리고 이 버블들은 혹독한 추위의 우주 공간 속으로 뿜어져 나오면서 아마도 다시 매우 작게 움치러 들 것이다.

나는 이 순간을 원자 탄생의 시작으로 보았다. 태양의 표면에서는 가장 기본적인 원자인 수소는 물론, 방사선을 비롯해 캐러멜 맛, 버터 맛, 등등의 다양한 입자들과 함께 우주공간 속으로 튀겨져 나올 것이라고 생각한다.

〈원자의 형태 중 가장 흥미로운 것은 빛의 속도이다.
빛의 속도가 지금보다 더 빨랐다면, 아마 모든 원자가 더 무거워지고 더 작게 줄어들었을 것이다. 비행기가 음속을 돌파하려고 할 때 소닉붐을 만들어 내듯이, 에너지의 파동이 광속을 넘으려고 할 때는 낙뢰와 같은 전자를 만들어낸다고 생각된다.〉

이처럼 지구와 우주의 모든 것들이 원자로 이루어져 있다면, 모든 구성들의 크기는 빛의 속도가 결정한다는 의미이다. 너무나 기가 막힌 아이러니가 아닐 수 없다. 1~2부에서 이야기하였듯, 만약 우리의 우주가 정말 블랙홀 속에 존재하며 외부 블랙홀의 영향을 받는다고 가정하면, 결국 외부 블랙홀의 영향에 따라서 우리 우주와 모든 물질의 크기가 결정된다는 뜻이 된다. 빛의 속도가 제한적인 것은 나를 매우 흥미로우며 신비로운 현상이라고 느껴졌다.

우리의 우주가 커지든, 혹은 나의 상상처럼 작아지든 어쨌든 말이다. 이제 이 호기심을 가득 담고 나의 이야기 세번째 원자 이야기를 시작한다.

원자의 역사

...

현대 물리학에서는 아직도 원자의 정체를 정확히 알지 못한다. 현대 과학에서 원자의 존재와 특성들에 대해 많은 것들을 밝혀냈지만, 원자의 모든 것을 완벽하게 해석하지 못하고 있다는 의미이다.

일단 원자는 너무나 작다. 예를 들어, 우리가 매일 물을 마시는 한잔의 빈 컵 안에는 눈에는 보이지 않지만 수많은 원자로 채워져 있다. 수소, 산소, 질소 등, 그리고 이 한 컵 안에 담긴 원자의 개수는 지구상의 모든 바닷가에 있는 모래알들을 전부 합친 숫자보다도 많다고 한다.

솔직히 너무하지 않은가? 우리가 밤하늘의 우주를 보면서 알면 알수록 지나치게 크다고 했는데, 이번엔 또 원자가 지나치게 작다. 나는 우리의 지구인들이 마치 우주와 원자를 번갈아 보면서 어리둥절 하고 있는 모습이 그려진다. 실제로도 그러니 말이다.

원자를 이해하기 위해서는 과거 원자의 개념이 생기기 시작한때부터 그동안 물리학계에서 진행해 왔던 원자 가설의 변천사를 잠시 이해할 필요가 있다. 중, 고등학교시절 배웠던 것이지만, 아주 짧게 정리해보겠다.

1803년 지금으로부터 약 200년전 원자가설의 기원은 돌턴(J.Dalton)에서부터 시작된다. 그는 모든 물질에는 기본 단위로 구성되어 있다고 가정하는데. 그것의 이름을 원자라 이름 붙였다. 즉 더이상 쪼개지지 않는 작은 점이 있다는 가설에서 원자의 개념은 출발한다.

1897년 영국의 물리학자 톰슨은 원자 속에는 양전하와 음전하가 마치 푸딩에 박혀 있듯 존재한다는 새로운 원자 모형을 제시한다.

1911년 물리학자 레더퍼드는 원자에는 원자핵 주위를 음전하가 행성처럼 돌고 있을 것이라고 주장한다.

1913년 물리학자 보어는 원자핵 주위의 일정한 위치에서 전자가 원 궤도를 돌고 있다고 모델을 제시하였고,

현재 현대물리학에 이르러서 원자의 모델은 원자핵 주위에 전자가 구름처럼 퍼져 있으며, 확률로 나타낸 모형을 제시한다. 이유는 전자의 위치를 정확히 알 수 없기 때문이다.

이처럼 원자의 가설은 지난 짧은 200년 동안 수시로 뒤집히고 또 변화를 거듭해왔다. 왜 이러는 걸까? 무엇이 문제이기에 이토록 원자 가설은 자꾸 바뀌는 것일까? 그렇다. 아직 우리는 원자가 무엇인지 정확히 알지 못하기 때문이다. 원자는 물론 빛조차도 입자인지 파동인지조차 정확히 정의 내리지 못하는 것도 이 때문이다.

나는 이렇게 정의 내려지지 않은 것들을 볼 때 즐거움을 느낀다. 아직 누구도 모르기 때문에 내 나름의 상상을 할 수 있는 까닭이다. 톰슨에서 시작한 원자모델의 논쟁에서 그 누구

도 '맞았다' 혹은 '틀렸다' 를 구분하려는 것이 아니다. 우리는 어쩌면 이 우주와 원자에 대해서 영원히 알 수 없을 지 모른다고 생각해본다.

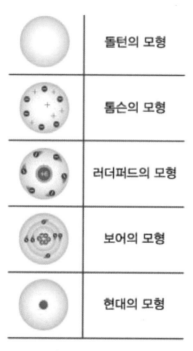

원자 가설의 변천사
(이미지 출처 : 개정 화학 / 네이버 검색)

참고) 양자도약

앞서 이야기했던 원자의 역사에서, 마지막 부분을 다시 살펴보려고 한다. 왜 현대 물리학에서는 원자를 전자가 구름처럼 퍼져 있다고 생각했을까? 이 부분을 좀 더 깊이 이해하기 위해서는 양자도약을 잠깐 살펴볼 필요가 있다.

양자도약을 간단히 설명하면, 원자의 핵 주변을 돌고 있는 전자의 특이성에 있다. 보어는 원자핵 주위를 전자가 여러 층의 괘도에서 회전하고 있다고 추측했다. 그런데 전자를 연구하던 현대 과학자들은 전자의 활동에서 이상한 점을 발견하게 된다. 원자핵 주위를 돌고 있는 전자가 일정하게 자기 괘도를 돌고 있는 것이 아니라 여기 저기서 나타나고 사라지며, 연속성이 없는 전자의 모습을 실제로 발견한 것이다.

이때 전자가 핵의 중심 괘도에서 1층 2층 3층 여기 저기서 불규칙하게 갑자기 나타나고 사라지는 현상을 물리학에서는 양자도약이라고 부른다. 그리고 현대 물리학에서 원자는 전자가 괘도를 그리는 것이 아니라, 구름처럼 전자가 퍼져 있다고 설명하기에 이른다. 이처럼 어디에나 있고, 어디에도 없는 이상한 현상은 이후 확률로서 전자를 설명하며 양자역학의 발전으로 이어지는 계기를 마련한다.

참고) 물리학에서 탄생한 양자도약이라는 어원은 경제용어에서도 사용된다. 어떤 기업이 혁신적인 경영으로 기존의 틀을 점프한 때에도 양자도약이라 부른다.

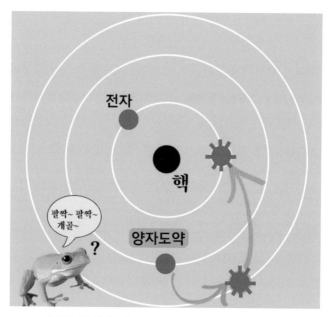

양자도약 설명: 전자가 여기저기 불쑥 불쑥 나타난다.

원자의 에너지 순환 구조

공간의 특이성 -1

...

〈원자의 세계를 현대 물리학에서 그동안 미스테리 하게 바라
보았던 이유는, 원자 내부에서 시공간의 왜곡이 일어나고 있
기 때문이라 생각했다. 지난 2부의 암흑물질과 은하의 원반
운동처럼 원자의 내부에서도 시간의 느려짐과 같은 동일한
현상이 일어나고 있는 것이다. 원자는 결국 작은 블랙홀과도
같다. 우주를 구성하는 모든 물질을 포함해서 우리 인간의 몸
도 무수히 많은 작은 블랙홀로 구성되어 있다고 생각한다.〉

앞에서 원자의 역사와 양자도약을 설명했으니, 이제부터는
본격적으로 내가 상상하고 있는 원자에 대한 개념을 설명할
준비가 되었다. 물론 이 역시 동네 아저씨의 추측과 가설이라
는 점을 염두에 두고 들어주기 바란다.

나는 원자의 상태를 설명하는데 있어서 가장 비슷한 자연계의 현상으로 태풍이나 허리케인을 꼽고 싶다. 원자와 비교해서 크기는 물론 엄청난 차이를 지니지만, 태풍의 구름 속에서 낙뢰가 치는 모습이나 태풍의 핵은, 내가 상상하는 원자 속 전자와 원자핵의 모습과 매우 닮아 있다.

태풍은 스스로의 세력을 형성하기 위해서 주변으로부터 엄청난 수분과 에너지를 빨아들인다. 또한 반경 수십Km에 이르는 공간에 무서운 바람과 비, 그리고 낙뢰를 쏟아 붇는다. 나는 이 현상을 에너지를 빨아들이고 뱉아내는 에너지의 순환구조라고 보았다. 에너지가 공급될수록 태풍은 스스로의 부피를 키우며 세력을 확장한다. 원자의 세계에서도 나는 이와 비슷한 일들이 일어나고 있을 것이라고 생각한다.

만약 태풍의 모습이 원자와 비슷하다고 가정한다면, 원자는 핵에서 에너지를 흡수하고, 비와 바람을 일으키듯 전기장을 형성하면서, 낙뢰와 같은 전자를 쏟아내는 에너지 순환구조가 만들어지고 있는 것이다.

질문: 다음 중 태풍은 무엇에 의해 만들어지는가?

1, 바람과 비, 번개

2, 기압과 온도 차이

위의 질문에서 무엇이 생성의 시작인지를 이해하는 것은 원자를 이해함에 있어서도 매우 중요하다. 결론부터 이야기하자면 허리케인 혹은 태풍의 탄생은 바로 온도와 기압의 차이에서 생겨난다. 이 두가지가 시작의 전부이다. 다만 태풍의 경우는 탄생과 동시에 습기와 수분을 흡수하면서 그 무게가 더해지고, 거대한 힘을 만든다. 그리고 이렇게 생성된 태풍이 그 형태를 유지하는 가장 중요한 이유는 중심 쪽 핵의 + 전하와 넓게 분포되어 있는 -전하들이 형태를 유지할 수 있도록 서로 끌어당기기 때문이다. 이 끌어당김 때문으로 태풍의 형태가 쉽게 흩어지지 않고 오래 유지되는 이유라고 나는 추측한다.

어쨌든 다시 태풍의 생성 과정을 곰곰이 잘 살며 보자, 태풍의 처음 시작은 온도와 기압의 차이로부터 형성을 시작한다. 바람과 비 번개와 같은 모습은 태풍이 만들어지면서 흡수된 에너지가 방출되며 나타나는 2차 현상일 뿐이다. 거의 동시에 일어나는 듯 보이지만, 이 작은 순서의 차이를 이해하는 것은 원자를 이해함에 있어서, 매우 중요함을 다시한번 강조하고 싶다.

〈현대물리학에서 전자를 통해 원자를 이해하려는 방식은 어쩌면 잘못된 관점에서 원자를 해석할 위험이 크다는 점을 설명하려는 것이다.〉

태풍이 세력을 확장하는 동안 그 속에서 낙뢰가 치는 모습을 상상해보자. (낙뢰는 구름층 사이에서 전기적 에너지인 전하들이 쌓여 낙뢰의 형태로 에너지를 방출되는 것이라고 알려져 있다.)

이 때 만약 여러분의 상상 속에서 태풍과 바람, 구름, 비, 등을 모두 투명하게 지워버리고 낙뢰(번개)가 치는 모습만을 오로지 남겨서 상상해보면 어떤 가? 하늘 높은 곳에서 내려다보는 시점으로 낙뢰가 치는 태풍의 모습을 머리속에서 상상해보자.

태풍에서 모든 것을 지우고, 낙뢰만을 남겨놓고 관찰을 시작하면, 신기하게도 현대물리학의 약자도약에서 설명하고 있는 것과 동일한 현상을 관찰할 수 있게 된다.

(원자는 벌거벗은 태풍과 닮았다.)

위 태풍의 기상도에서 번개는 어디에나 불특정하게 나타난다.
(마치 양자역학에서, 확율로 전자를 설명하듯...) 그러나 어
느 누구도 번개가 치는 위치로 태풍을 분석하려 하지 않는다.
〈원자도 마찬가지이다. 전자의 활동과 위치로 원자를 분석 하
는 방식에는 오류가 있다고 생각한다.〉

〈태풍〉속에서 낙뢰는 어디서나 자유롭게 나타나고 사라진다. 그리고 낙뢰는 보어의 전자처럼 회전체가 아니며, 톰슨의 설명처럼 구름속에 박혀 있는 건포도의 모습은 더더욱 아니다. 태풍속에서 낙뢰는 어디에나 있으며, 연속성 없이 나타나고 사라진다. 마치 현대 물리학에서 바라본 양자도약의 세계처럼 태풍 속 낙뢰는 불특정 하게 확률로 나타난다.

〈원자〉의 세계에서도 태풍과 그 모습이 매우 닮아 있다. 원자 내부에는 파동치는 전하장이 있다. 그 속에서 전자가 불특정 하게 나타나는 것이다.

원자를 전자의 특징으로만 분석하려고 했던 과거의 연구가 오히려 원자를 더 이해하기 어렵고 복잡하게 만들었던 것으로 생각된다. 그러나 나의 상상처럼 에너지 순환적 시점으로 다가설 때, 그동안 미스터리 하게 보였던 원자 속 전자의 모습을 자연스럽게 설명할 수 있게 된다.

〈즉, 전자는 원자를 생성하게 만든 초기 구성품이 아니었던 것이다. 전자는 비와, 바람, 낙뢰처럼 원자운동(공간과 에너지 파동)의 부산물이다.〉

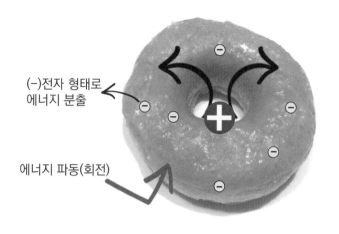

(-)전자 형태로
에너지 분출

에너지 파동(회전)

〈파동이 빛의 속도를 넘으려는 순간, 에너지 변환이 일어난다.
바로 전자의 출현이다. / 에너지의 순환〉
+ 에너지 입구, − 에너지 출구 (입구와 출구는 방향이 바뀔 수도 있다.)

중심의 +전하와, 주변의 -극을 가진 원자는 마치 입구와 출구처럼, 하나로 연결된 통로 와도 같다. 태풍의 중심 핵 부근에서 빨아들인 거대한 에너지를 전체 면적에서 쏟아내듯 이어지고 있는 연결 구조처럼, 나는 입구와 출구 형태를 갖춘 순환 구조라고 생각했다.

여기에 한 걸음 더 나아가서 원자에서도 똑같이, 외부의 에너지를 원자핵에서는 흡수하며 전자의 형태로 분출하는 순환 구조를, '원자의 순환구조' 라고 이름 붙였다.

원자핵과 전자의 연결은 마치 전기줄로 연결되듯 연결된 상태는 아니다. 다만 +와 -의 상호 연관성을 갖는다. 우리가 알고 있는 뉴런의 시냅스 신경세포들처럼 서로 떨어져 있지만 일정 전하량을 충족했을 때 정보를 주고받는 것과 매우 닮아있다. 전하량의 충족이란 파동이 빛의 속도를 넘는 순간을 의미한다. 기본적으로 파동은 빛의 속도를 넘지 못하기 때문에 더이상 파동의 상태에 머물지 못하고 변형된 에너지로 방출되는 것이다. 이때 변형된 에너지는 바로 전자이다.

(시잔출처: pngwing)

정말 아이러니한 점은 전자가 발생하는 순간, 마치 팽이가
채찍을 맞을 때처럼 원자 내부에도 회전을 유지하게 만들며
동시에 주변의 원자들에게 영향을 주게 된다.

질문) 원자의 형태는 어떻게 시작되었을까?

물질 또는 에너지가 강한 압력에 의해 넓은 공간에서 좁은 공간으로 통과하려 할 때 회전을 일으키려는 성질을 가지고 있다. 나는 이것을 '회전압 진행' 이라고 이름 붙였다. (나는 물리학 전공생이 아니기때문에 실제로 물리학에서 이런 현상을 어떻게 다루는지는 잘 모르겠다.)
어쨌든 원자의 생성도 회전압 진행에 속한다. 갑작스러운 수축에 의해 공간이 줄어들 때 회전압 진행 현상이 이곳 에서도 일어난다.

매우 급격한 온도와 압력에 의해 하나의 공간이 수축을 시작하는 순간, 압축 과정에서 시작된 회전과 파동은 스스로가 만든 끌어당김에 의해 빛의 속도에 다다를 때까지 수축하였을 것이다. 이후 파동은 에너지를 밀집 시키고 전하장을 형성하며, 이때 만들진 +플러스의 핵과 -마이너스 전자와 전하장은 서로 끌어당기며 수축을 멈추지 못하는 것이다.

〈공간은 빛의 속도에 다다르도록 멈추지 못하고 끝없이 작아진다. 이때 원자 속의 공간은 무거워졌으며, 멈춤으로 향해가

는 느려진 시간을 만들어 낸다. 원자라는 새로운 차원의 공간이 탄생한 것이다.〉

즉 현대물리학에서 원자 속 전자가 구름과 같다고 보았던 부분은, 실제 전자가 아니라 에너지 변환이 일어나기 직전의 전기장이다. 전기장은 공간과 에너지의 파동이며, 전자는 이속에서 만들어진 별개의 부산물이다. 나는 이 모형이 원자의 본질적 형태로 보았다.

원자는 마치 작은 생명체처럼 살아 숨쉬고 있는 존재와 비슷하다. 매우 미세하지만 작은 크기의 변화도 있을 것이다. 흡수한 에너지를 다른 형태로 방출하면서 원자는 고유의 형태와 특징을 유지한다. 만약 빛의 속도가 지금보다 더 빨라진다면, 원자는 스스로의 부피가 지금보다 더 작게 줄어들 것이다. 원자내에서 에너지를 흡수하고 뺄아 내는 순환되는 구조를 가지고 있기 때문에 가능한 것이다. 물기를 빨아들이고 뺄아낼 수 있는 주방의 스폰지처럼 말이다.

정리) 회전을 하는 주체는 오히려 태풍의 경우 낙뢰가 아닌 바람과 구름이었고, 원자에서는 전자가 아닌, 공간과 에너지의 회전과 파동이라고 나는 생각했다.

(원자의 순환 구조와 수축과 팽창하는 원자의 이해)

원자는 파동(빛의 속도)에 따라 그 크기가 달라질 수 있다.
흡수한 에너지를 밖으로 뿜어낼 수 있는 구조이기 때문이다.
만약 풍선처럼 닫힌 구조였다면, 불가능했을 것이다.

추가 상상)

블랙홀의 내부에서도 나는 에너지의 순환 구조를 갖추고 있
을 것이라 추측한다. 또한 태풍에도 핵이 있듯이, 블랙홀의
중심에도 핵이 있을 것이라고 보았다.

지구에서 태풍이 세력을 키울 때, 중심의 핵에서는 비바람이

오히려 잦아들며 고요한 공간이 만들어진다고 한다. 나는 블랙홀의 중심에도 고요한 공간이 존재할 수 있다고 생각한다. 그리고 만약 고요함의 한 점이 정말 존재한다면, 우리의 우주는 어쩌면 바로 그 고요함의 공간속에 웅크리며 자리하고 있을 것이라 생각한다.

더 엉뚱한 상상)
우리는 현재 전기 터빈을 이용해서 전기를 생산한다. 고등학교 시절 학교에서 배운 패러데이의 '전자기 유도' 현상 때문이다. 만약 나의 생각처럼 원자가 운동에너지를 흡수하여 전자에너지(전기)로 방출하는 것이라면, 회전형태의 터빈구조를 직선형태로 바꾸어 보는 것은 상상해 볼 수 있다.
마치 겨드랑이 사이에 책받침을 넣고 움직여 정전기를 일으키는 것처럼, 나는 이 방법이 동일한 운동에너지를 더 효율적으로 전기를 생산할 수 있다고 생각했다.

동일한 운동에너지를 더 효율적으로 사용하는 방법으로는 자이로볼도 있다. 플라스틱의 원 안에 회전체가 들어있는 형태다. 일단 강제로 가속이 시작된 후에는 손목을 고정하고 좌우 미세한 움직임만으로도 회전체의 고속회전을 유지시킬 수

있다. 만약 이런 형태의 거대한 전기터빈을 만들 수 있다면,
작은 운동량으로 많은 전기를 효과적으로 대량 생산할 수 있
을 것으로 본다.

(자이로볼) 자이로볼의 운동형태는 원자의 운동상태
와 매우 비슷한 특징이 있다. 최소 균형의 운동으로
고속회전을 유지시킨다는 점이다.
최소 균형 운동이란: 균형을 잃으려는 회전체를, 균
형을 잡아주려는 작은 힘만으로 회전을 유지할 수 있
도록 하는 원리로, 나의 상상에 근거한 고효율 운동
에너지다.
(솔직히 이 대목은 충분히 정리되지 않은 생각이다.
그러나 원자의 운동과 관련하여 유사성이 많다고 생
각되어 오랜 고민 끝에 첨부했다.)

중간 정리)

원자의 모델로 태풍과 그 모습이 비슷하다고 설명하였다.
빛의 속도로 움직이는 태풍은 마치 동그란 도너츠의 형태와
같은 모습으로 변하게 된다.

도너츠 형태의 원자는 중심에 +극과 주변의 -극성을 갖게 되
면서 서로를 끌어당기고 빛의 속도에 다다를 때까지 수축하
게 된다. 이때 원자의 상태는 에너지를 흡수할 수도 방출할
수도 있는 순환구조의 모습을 갖는다.

이결과 원자는 마치 살아있는 문어의 빨판처럼 다른 원자와
결합이 용이한 상태가 된 것이라 상상했다.

원자 모형과 상상
(왠지 설명이 정말 동네 아저씨 스럽다...ㅠㅠ)

스스로의 중력으로 갇혀버린 공간

공간의 특이성 -2

...

제트기가 음속이상으로 속도를 높일 때 소닉 붐(sonic boom)을 일으킨다. 소리의 경우 그 속도가 대략 초속 340m/s 정도인데, 제트기가 이보다 빠르게 비행할 때는 공기의 밀도가 급격하게 압축되면서, 폭발하듯 큰 소리가 발생하게 되고 수증기 띠가 생기는 현상을 소닉 붐이라고 한다.

질문)
1) 만약 태풍 또는 허리케인의 바람이 초속 340m/s를 넘는다면 어떻게 될까?
2) 이보다 더 빠르게, 빛의 속도에 가까운 초속 약 30만km/

s의 태풍이 분다면 어떻게 될까?

우리는 일년에도 몇 번씩 태풍을 경험한다. 기상청에 의하면
태풍의 경우 초속 50km/s 이상일때 초강력 태풍으로 분류
한다고 한다. 아직까지 우리는 초속 340m/s의 태풍을 만난
적은 없었다. 적어도 관측과 통계가 작성된 이후로 말이다.
나는 만약 이런 태풍이 발생한다면, 아마도 그 스스로의 힘
과 중력에 갇혀서 빠져나오지 못하는 형태를 만들게 될 것이
라고 상상했다. 그렇다면 초속 340m/s을 넘는 태풍은 존재
하지 않는 것일까?

나는 우리가 관측할 수 있는 가장 비슷한 사례가 태양계 행
성 중 하나인 목성에서 일어나고 있다고 생각했다. 목성에는
대적점이라고 부르는 거대한 태풍이 불고 있다. 대적점의 크
기는 대략 지구 크기의 2~3배 정도이며, 언제 시작되었는지
조차 알 수 없고, 지금도 멈추지 않고 있는 초거대 태풍이다.

목성의 대적점을 관찰한 과학자들에 따르면 국지적으로 초
속 100m/s이 넘는 바람이 불고 있다고 전해진다. 나는 어쩌
면 대적점의 내부 어딘가 가장 강한 바람의 경우, 그 속도는

초속 340m/s를 넘나드는 바람이 불고 있을 것이라고 추측했다. 바로 초속 340km/s의 이 지점은 공기의 밀도가 급격히 압축되며, 위에서 설명한 소닉 붐을 만들 수 있는 지점이기 때문이다.

목성의 대적점에서 일어나고 있는 태풍은, 크기와 규모, 밀도의 높아짐으로 인해, 그 무게가 급격하게 늘면서 스스로의 중력에 의한 수축을 일으켰을 것이며, 때문에 쉽게 사라지지 못하는 형태가 만들어진 것으로 나는 추측해본다.

그렇다면, 만약 목성의 대적점에서 빛의 속도에 가까운 초속 30만km/s로 바람이 불었다면 어떻게 되었을까? 1부에 설명하였던 등가의 법칙을 기억하는가? 빛의 속도에 가까울수록 또는 무게가 무거울 수록, 시간이 느려진다고 설명하였다.

만약 바람이 빛의 속도에 가깝게 태풍에서 형성된다면, 제일 먼저 시간이 느려질 것이다. 시간이 느려진다는 의미는, 무게가 늘었음을 뜻한다. 빛의 속도로 불었던 바람으로 인해 태풍은 중력을 이기지 못하고 스스로 수축을 시작한다. 이 수축은 빛의 속도 한계점에 다다를 때까지, 무게를 더하며 수축을 반복하면서 계속될 것이다. 수축의 결과 지구 크기 2~3배 만한 목성의 태풍은 아마도 축구공보다도 작은 크기로 줄어들 것이라고 생각한다. 물론 무게는 기존의 무게보다도 훨씬 더 큰 상태이다. (속도가 무게를 증가시켰기 때문이다.)

목성의 대적점(이미지 출처 : 네이버 검색)

나는 원자에서도 동일한 현상이 발생한다고 보았다. 원자의 경우는 태풍에서는 절대 찾아볼 수 없는 빛의 속도 초속 약 30만km/s이다. 원자에서 같은 방식으로 생각을 이어가면,

이렇게 무거워진 그리고 시간이 느려진 원자의 형태는 스스로의 무게와 중력의 힘으로 인해, 내부로 끊임없이 잡아당겨지게 된다. +전하와 -전하가 서로 당기는 힘이 극대화되었기 때문이다. 이렇게 생성된 원자는 더 강력한 내외부적 자극이 발생하지 않는 한, 스스로를 가두고 그 모습을 유지하게 된다. 공간이 스스로가 만든 중력과 +/-의 두 극성의 당김에 의해 자신의 공간속에 갇혀버린 것이다.

나는 원자가 스스로의 중력장속에 갇혀서 빠져나오지 못하는 현상을 '공간의 특이성-2 스스로의 공간에 갇힌 원자' 라고 이름 붙였다.

현대물리학에서 존재하는 모든 것들은 빛의 속도를 넘지 못한다고 한다. 그렇다면 원자 내부에서 공간의 진동은 빛의 속도를 넘지 못한다는 문제점을 동일하게 갖게 한다. 정말 아이러니한 사실은 바로 제한적인 빛의 속도이다.

빛의 속도가 변한다는 의미는 원자 내부의 시간과, 무게가 바뀐다는 뜻이고, 무게가 바뀐다는 의미는 결국 원자의 크기가 바뀐다고 할 수 있다. 이것은 매우 중요한 의미를 갖는다. 우리가 살고 있는 이 우주의 모든 것들은 원자로 이루어져 있으며, 빛의 속도에 의해 우주 속 모든 크기가 바뀔 수 있기 때문이다.

〈빛의 속도를 넘을 수 없는 원자 내부의 파동은, 속도의 한계점에서 에너지를 방출하며 형태를 유지한다. 이때 방출하는 에너지를 전자라고 설명했다. 그리고 파동이 빛의 속도를 넘을 때 생기는 에너지 변환 현상을 '울트라-체인지' 라고 이름 붙여주었다.〉

신비롭게도 아니 천만 다행으로 빛의 속도가 만약 무제한의 속도를 가지고 있었다면, 원자는 어쩌면 전자를 방출하지 않고 끝없이 무거워지며 작아졌을 것이다. 그렇다면 아마도 지금의 우리가 존재하고 있는 모든 우주의 물질들은 존재하지 못하고 무너져버렸을 것이라고 나는 상상해본다. 그러니 빛의 속도가 제한적인 것은 정말 다행스러운 일이 아닐 수 없다.

질문: 블랙홀이 시간을 멈추고도 계속 무게가 늘어났다면?

여기서 한가지 예외적인 사례를 생각해보지 않을 수 없다. 나는 빛의 속도를 넘을 수 있는 유일한 존재로, 〈중력〉을 상상하였다. 중력은 무게이다. 아인슈타인은 일반 상대성에서 무게에 의해 시간이 느려질 것이라고 했다.

〈그렇다면 빛의 속도로 인해 시간이 멈출 만큼에 해당하는 무게 값이 분명 존재할 것이다.〉

그런데 만약 시간을 멈추고도 계속 증가하는 무게를 가진 블랙홀이 존재한다면, 과연 어떻게 될까? 무게가 너무나 무거워서 멈춘 시간을 벗어나게 된다면 말이다.

어쩌면 중력이 시간의 한계를 벗어난 순간 새로운 시공간이 생겨날 것이라고 상상해보았다. 우리의 우주도, 그렇게 탄생했을 수 있다. 원자의 설명에서 잠시 벗어나는 듯하지만, 너무나 호기심을 자극하는 소재가 아닐 수 없기에, 다음에서 짤막하게 제논의 역설을 통해 설명을 붙여보았다.

참고)

나는 앞에서 세른(CERN) 입자가속기를 설명한 바 있다. 이곳에서는 원자의 무게를 형성하는 물질로 불리는 힉스를 찾는 연구가 진행중이다. 최근 뉴스에는 힉스와 관련하여 많은 업적을 이루었다고 알려졌다. 그러나 나는 여전히 힉스의 존재에 대해 회의적이다. 원자의 무게는 그 내부의 파동이 빛의 속도인 점을 감안할 때, 느려진 시간과 함께 증가된 무게(등가의 법칙)에서 찾아야 맞다고 생각하기 때문이다.

〈원자의 내부는 빛의 속도에 해당하는 파동으로 인해 시간이 느려진 상태이다. 우리가 원자 내부의 핵,중성자,쿼크 등을 구분할 수 있는 까닭은 어쩌면 느려진 시간으로 인해 만들어진 입자적 특징 때문일 것이다.〉

원자의 형태가 순환적 구조를 가지고 있기 때문에 원자들은 마치 욕실안의 비누거품들처럼 다른 원자들을 끌어당기며 함께 존재하고 있다. 즉 원자 간의 서로 엮인 형태와 구성, 거리 등 상태에 의해 무게가 결정되어진다고 나는 생각한다. 때로 어떤 원자들은 상호간의 증폭효과에 따라서 무게마저 다르게 형성될 것으로 보았다.

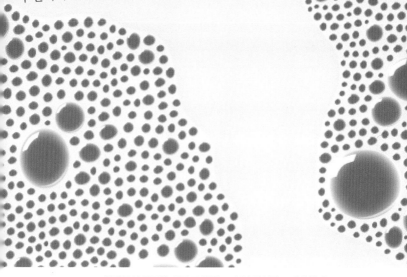

잠깐) 속도와 무게로 인해 느려진 시간은 질량 보존의 법칙으로 널리 알려져 있는 열역학 제1 법칙 (에너지의 총량은 항상 일정하다)와 열역학 제2법칙 (에너지는 높은 곳에서 낮은 곳으로 흐른다)는 점에 문제를 일으킨다.

열역학 제1,2법칙을 만족시키기 위해서는 '동일시간'이라는 전제가 필요하기 때문이다. 2 부에서 다뤘던 암흑물질과 원자의 세계에서도 역시 이 부분에서 그동안 문제가 생겼던 것이다. 동일시간이 아닌 조건 속에서는 아마도 뉴턴의 사과는 느려진 시간으로 인해 나무 위에서 떨어지지 않을 수 있기 때문이다.

원자들의 군집은 아마도 이런 모습일 것이라고 추측한다.
욕실의 비누거품 (사진 출처: pngwing)

피타고라스 제논의 역설

...

문득 아주 오래전 고등학교를 다니던 당시 물리 선생님이 들려주었던 피타고라스의 역설 중 거북이 이야기가 떠 올랐다. (확인을 위해 검색해보니 정확한 명칭은 제논의 역설이라 부른다) 물론 설명을 더 쉽게 해준 고등학교 선생님의 이야기 그대로 전하고 싶다. 그 내용은 이렇다.

운동장에서 거북이 한 마리가 100미터 달리기를 한다. 이 거북이는 출발 점에서 시작하여 골인 점을 통과하기 위해서는 반드시 50미터 지점을 지나가야 한다. 그리고 거북이는 다시 50미터와 100미터 사이의 75미터 지점을 지나야 하고, 다시 또 75미터와 100미터 사이 지점을 지나야 한다. 이렇게 끝없이 거북이는 남아 있는 거리만큼의 절반 지점을 지나가야 한다면, 거북이는 절대로 100미터 결승선을 통과할 수 없다는 것이다. 이야기를 들어보면 어딘가 그럴 듯해 보인다. 그래서 역설(패러독스)이라고 했던 것 같다. 실제 제논의 역설 이야기는 조금 다르기는 하지만 이해하기에는 크게 다르지 않다.

이번에는 같은 이야기를 블랙홀로 가져와 보도록 하자. 여기 엄청나게 무거운 블랙홀이 존재한다. 이 블랙홀의 중심부에는 무거운 중력으로 인해 시간이 느려져서, 거의 99%에 가까울 만큼 시간이 멈춰 있다고 상상해보자. (0%은 정상시간 100%를 완전히 멈춘 시간이라고 가정할 때) 그런데 이때 근처를 지나치던 또다른 블랙홀과 충돌을 하였다. 그래서 무게가 2배가 되었다. 이제는 중심부의 시간은 어떻게 되었을까? 99%에 가까웠던 시간이 이제는 100%를 넘겼을까? 아니면 아직도 조금 부족한가? 그러면 99.9999%에 도달했다고 하자. 다시 또 새로운 블랙홀과 충돌한다. 이번에는 기존 블랙홀보다 1만배쯤 더 큰 블랙홀이었다. 시간은 어떻게 되었을까? 아직 부족할까? 이번에는 통 크게 10억배쯤 큰 블랙홀과 충돌했다면? 그래도 여전히 시간은 99.999999999%에 머물렀다고 생각되는가? (실제 현대 물리학에서는 끝없이 0에

수렴할 것이라고 설명하고 있다.)

얼마전 우리 은하의 중심에 있는 블랙홀보다 10억배 더 큰 블랙홀을 발견하였다는 뉴스를 접한 적이 있으니 이런 일은 충분히 있을 수 있는 사건이다. 이렇듯 블랙홀 중심부의 시간이 거의 0에 가까운 블랙홀에 10억배 만큼의 더 큰 블랙홀과 충돌하여 합쳐졌다면, 어떻게 되었을까? 이 블랙홀 중심에서 시간은 끝없이 0에 수렴할 뿐인가?

앞서 이야기했던 피타고라스의 역설 에서처럼 거북이는 끝없이 100미터를 넘지 못하고 그 반의 반과, 다시 반의 반을 향해 끝없이 좁혀간다고 생각할 것인가? 아니면 어느 순간 이 거북이가 100미터를 넘어설 것이라 생각하는가? 만약 거북이가 100미터 결승선을 넘어서 101미터로 나아가듯이, 시간이 0을 넘어서 새로운 1의 시간으로 향해 갈 수 있다면, 이것은 시공간의 특성상 새로운 시간의 시작은 물론, 공간의 탄생을 의미한다. 만약 블랙홀 속 시간이 영원히 0을 넘을 수 없다고 상상한다면, 우리는 어쩌면 피타고라스 제논의 역설속에 갇혀 있는 것일지도 모르겠다. 어쨌든 다시 원자의 세계로 돌아와 이야기를 이어가 보자.

과연 우리의 거북이는 결승선을 넘을 수 있을까?
블랙홀의 무게로 인한 시간은 끝없이 99.99999999에
수렴할 것인가?

원자의 핵은 있을까?

...

질문: 정말로, 원자의 핵은 존재할까?

현대 물리학에서 이것에 의문을 품는 사람은 그리 많지 않을 것이다. 그러나 이 사소한 질문은 결코 사소하지 않은 질문이다. 원자핵의 존재 유무는 우주의 탄생과 진화 과정에 있어 매우 큰 차이를 만들어 내기 때문이다.

1908년 물리학자 어니스트 러더퍼드는 원자핵을 발견한 공로를 인정받아 노벨상을 수상한다. 그는 알파 입자를 얇은 금박에 충돌시켜 일부의 알파 입자가 튕겨져 나오는 것을 발견하였다. 알파 입자 산란 실험을 통해 러더퍼드는 원자의 중심에 원자의 질량 대부분을 차지하는 +전하를 띠는 물질을 발견했고 이 공로를 인정받았다.

그런데 아무리 이해를 하려해도 조금 이상하지 않은가? 앞에서도 여러 차례 예를 들었듯이, 다시 태풍과 허리케인의 모습을 다시 상상해보자. 종종 운동장에서 모래바람을 일으키는 소용돌이 형태의 돌풍도 비슷한 형태를 가지고 있다. 대략 역삼각형 형태를 가지고 있는 허리케인의 하단에 위치한 회오리의 꼭지점을 여러분은 무엇이라고 생각하는가? 회오리의 아래쪽 중심부에 놓여있지만, 위치는 정해진 바 없이 매순간 움직이며, 가장 큰 힘과 무게를 갖고 있는 하단부의 작은 꼭지점은 과연 무엇이라고 생각되는가?

이곳은 마치 무엇이든 빨아들이는 입구와 비슷한 형태이다. 매우 좁고 가늘며, 때론 나타났다 사라지기를 반복하는 것처럼 보이기도 한다. 나는 이와 같은 회오리가 원자의 형태에서도 동일하게 존재하고 있을 것으로 추측한다. 회오리의 하단 끝 부분을 나는 우리가 알고 있는 원자의 핵이라고 보았다.

앞에서도 설명하였지만, 1908년 물리학자 어니스트 러더퍼드는 이것을 입자로 보았던 것과는 다소 차이가 있다. 입자는 단단한 물질을 의미한다. 나는 회오리 꼭지점이 비록 입자의 모습과 비슷한 특성을 띄고는 있지만, 결코 입자는 아니라고 생각한다.

A지점은 어떤 상태라고
생각되는가?

만약 원자의 핵도 이와 같다면
과연 입자라고 정의할 수 있을까?

자연계에서 볼 수 있는 모든 형태들, 즉 블랙홀과, 태풍, 그리고 원자에 이르기까지, 이들은 공통적으로 매우 비슷한 형태적 특징을 가지고 있다. 원자의 핵은, 에너지를 흡수하는 입구처럼 +플러스극을 형성하며, 반대쪽으로 무수한 다발성 -마이너스 전자를 분출하는 출구로 이루어져 있다.

원자의 중심에 생겨난 양전하의 꼭지점을 태풍의 형태에서 보았듯이 단단한 입자라고 보기는 어렵다. 공간의 특수성에 의해 만들어진 에너지 집합, 열린 꼭지점일 뿐이다. 시간의 느려짐으로 인해 밀도 높은 에너지의 중심으로, 수축이 가장 심한 부분이기도 하다.

즉 순환하는 구조와 스스로의 중력에 갇힌 구조를 가진 공간의 특성으로 바라보는 것이 원자를 이해하는데 가깝다고 생각한다.

현대 물리학에서 원자핵의 크기는 축구장 한가운데 놓인 작은 축구공 정도의 크기라고 설명한다. 그러나 나는 원자핵이 축구공처럼 그렇게 덩그러니 놓여있는 그저 작은 축구공 같은 존재가 아니라고 생각했다. 오히려 상상을 바꿔서 축구장 전체를 덮친 거대한 토네이도의 모습이 더 비슷하다. 다만 원자핵의 중심에서는 빛의 속도에 가까운 파동으로 인해 시간이 느려져 마치 멈춰 있는 것처럼 보일 뿐이다.

토네이도 돌풍은 운동장에 있는 모든 것을 빨아드릴 준비가 되어있다. 상상해보자. 회오리의 작은 꼭지점과 그 주변으로는 집들과 자동차를 끌어올리며 중심부 부근을 휘감는다. 원자가 전하를 형성하는 것처럼, 그리고 이때 주변의 먹구름이 더해지고 거센 바람이 불어와 토네이도에 에너지를 더해주면, 급기야 먹구름 사이 무거워진 전하들은, 천둥번개를 만들면서 에너지를 방출한다. 바로 전자의 출현이다. 회오리의 하단부에 위치한 작은 점, 이것은 작지만 괴물 같은 힘을 지니며, 흡수와 결합을 의미할 것이다. 또 다른 원자와의 결합 또는 흡수로 인해 모습을 바꾸고 새로운 형태로 진화가 가능하게 하는 것, 나는 그것을 원자핵의 주요 역할이라고 보았다.

전자를 바라보는 관점을 태풍과 비유하여 조금 바꾸었을 뿐인데, 현대과학 특히 양자물리학에서 이야기하는 확률적으로 나타나는 전자의 속성과, 부드러우면서(파동) 단단한 속성(입자)을 지닌 원자핵의 성질을 이제 편안하게 이야기할 수 있게 되었다.

서두에 나는 원자핵의 유무가 매우 중요하다고 하였다. 만약 원자핵이 존재한다고 정의한다면, 우주 전체를 구성하는 모든 물질들은 더 늘거나 줄지 않는다. 원자핵의 개수가 정해져 있기 때문이다. 그러나 반대로 원자핵이 존재하지 않는다고 가정한다면, 우리의 우주를 구성하는 물질들은 더 늘기도 하며, 줄어들기도 한다. 오로지 에너지에 의해서만 이 모든 생성과 소멸이 가능해지는 것이다. 자연계에서 태풍의 생성과 소멸을 계절마다 목격하였듯, 원자의 핵이 없다면 우주의 물질들은 새롭게 구성되고 더 풍요롭고 풍성하게 만들어지는 것이 가능하기 때문이다. 때문에 원자핵의 존재 유무는 작지만 매우 큰 차이점이다.

또한 원자의 핵이 존재하지 않는다면, 현대물리학에서 이야기하듯 '태양은 자신이 가지고 있는 수소 자원을 모두 소진한 약 50억년 후 수명을 다한다' 는 이야기도 틀린 예측이 된다. 태양의 표면처럼 쉼없이 폭발을 일으키는 항성은 계속해서 새로운 원자와 입자들을 생성하며, 우주공간으로 새로운 원자를 분출하고 있으리라 추측한다. 에너지를 이루는 온도와 압력 그리고 공간만이 주 재료이기 때문이다. 광활한 우주와 세상의 구성을 이루고 있는 모든 자연계를 이해함에 있어서도 원자핵의 유무를 다시 바라봐야 할 매우 중요한 부분이라고 나는 생각된다.

바닷가 해변에 홀로 서서 거대한 파도가 밀려와, 무수히 부서지는 거품 같은 포말들을 볼 때면 나는 마치 태양이 방출하는 원자들 또한 파도와 같은 모습을 하고 있으리라는 상상에 빠진다. 이 때 태양에서 만들어진 원자들은 지구와 여러 행성들을 지나치며 멀리 우주 바깥으로 날려 버리기도 하고, 또 일부는 태양의 중력에 이끌려 다시 태양으로 빨려 들어오기도 할 것이다. 그렇게 끌려온 원자는 태양의 원료로 재사용되거나 혹은 너무 많은 원자들이 흡수될 때는 태양의 크기를 더 크게 만들기도 할 것이다. 이러한 일렬의 과정을 나는 '태양의 자가증식' 이라고 이름 붙여 보았다.

만약, 이처럼 항성이 스스로 원자를 만들고, 항성이 자가 증식을 하는 과정을 거치는 것이라면, 일정 크기 이상으로 성장한 항성은 어느 순간 그 성장 속도가 더 빨라질 수도 있다. 어쩌면 지금의 태양도 수십 수백 배 더 큰 항성으로 커질지도 모를 일이다. 현대 물리학에서 찾아낸 엄청난 크기의 다른 항성들처럼 말이다. 이러한 상상도 원자의 핵이 없어야만 가능해진다.

이번에도 역시 블랙홀의 이야기와 연결 지어 상상해 보자. 잠시 처음으로 돌아가 빅뱅의 순간, 고온 고압의 한 점에서 우주가 시작되었다. 이 한 점에 엄청난 양의 +전하들이 모여 있었는데, 빅뱅의 폭발과 함께 양전하들은 온 우주로 퍼져 나가 지금의 우주를 구성하였다고 현대 물리학에서는 설명하고 있다. 만약 우리의 우주가 블랙홀의 핵에서 만들어졌다면, 태풍의 핵 에서와 마찬가지로 블랙홀의 핵은 엄청난 양의 +전하를 동일하게 지니고 있었을 것이다. 때문에 나는 우리 우주 또한 매우 강력한 양전하를 띈 에너지의 입구라고 생각한다.

현대물리학에서는 아직도 우리 우주에서 빅뱅 당시 발생한 폭발의 파장을 전파의 형태로 관측할 수 있다고 한다. 우리가 라디오 주파수를 맞출 때, 치~~ 하는 소음이 바로 이것이다. 나는 이 소음이 만약 빅뱅의 시작에서 출발하였다면, 어느 때인가 멈추었거나 약해져야 맞다고 추측한다. 그러나 우주 폭발 빅뱅의 소음이 우주 탄생이후 137억년에 이르도록 매우 또렷하게 들리는 이유는 빅뱅의 시작에서 출발한 전파가 아니라, 〈우리의 우주가 양전하의 통로에 위치해 있기 때문이라고 나는 생각한다. 즉 파장이 지금 이 순간에도 새롭게 생성된다고 본 것이다. 또렷하게 들리는 우주 전파의 원인도 우리가 블랙홀 속에 살고 있다는 중요 증거물 중 하나일 것이다.〉

현대과학에서 매우 기이하게 생각하는 양자 얽힘(멀리 떨어져 있는 두개의 양자가 마치 연결되어진 듯 동시에 반응하는 현상)도 마찬가지이다. 〈우리 우주 전체가 매우 강력한 흐름의 양전하 물결이 존재하기 때문에 작은 단위의 양자들이 서로 얽힘의 영향을 받고 있다고 추측한다. 결국 수수께끼 같은 양자 얽힘 현상도 우리의 우주가 블랙홀 속에 존재하기 때문에 나타나는 현상으로 나는 보고 있다.〉

나는 최근 유튜브를 통해 재미있는 실험 한가지를 발견하고 설명에 추가했다. 다음의 사진은 강력한 자석을 플라스틱 컵으로 덮은 뒤 그 위에 금속 동전을 올려 놓는다. 그리고 여러개의 동전 중 한개의 동전을 건드리면, 다른 모든 동전들이 서로 연결된 듯 함께 움직이는 모습을 보여준다.

우리의 우주가 거대한 외부 블랙홀의 양전하 자기장 속에 존재한다면, 위의 실험과 같이 얽힘으로 나타날 것이기 때문이

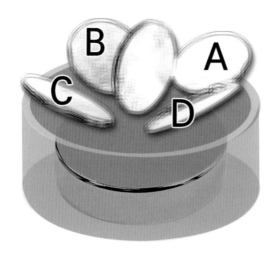

자료출처 (유튜브 내용을 근거로 편집)
Amazing Experiments with Magnets | Magnetic Games

다. 물론 우주라는 상상할 수 없을 만큼 거대하게 큰 자기장 위에 있는 것이다.

또한 거대한 물결의 양전하 흐름은 우리의 상상보다 더 강력할 것이다. 지금도 매순간 새롭게 생성되는 양전하는 현재 우리의 우주를 관통하여, 우리를 둘러싸고 있는 외부 블랙홀 전체 어딘가로 쉼없이 에너지를 내보내며 이어져 있을 것으로 나는 보고 있다.

끝으로 만약 우리의 우주가 블랙홀의 핵 속에 존재하고 있다면, 그리고 거대한 양전하의 흐름이 우리의 우주속을 관통하고 있다면, 언젠가 인류는 양자 얽힘의 기술을 발전시켜 우리 은하 밖 머나먼 우주로의 여행이 가능해질 날이 올 것이다. 블랙홀의 핵 속에 존재하는 양전하의 흐름 자체가 무한의 에너지로 활용될 수 있기 때문이다.

부서지는 파도의 포말들을 보면서, 나는 태양의 표면에서도 수없이 많은 원자들이 새롭게 생성되고 있을 것이라 상상한다. 지금 이 순간에도...(사진 출처: pixabay / F McDaniel)

전체를 마무리하며...

...

너무나 숨가쁘게 이야기가 흘러왔다. 그동안 우리를 감싸고 있는 제3의 힘, 외부 블랙홀과 우리의 우주, 암측 물질과, 원자의 이야기까지, 너무나 빠르게 진행해버렸다. 글을 쓰면서 이야기들을 연결하는 데에는 고작 몇 개월의 시간이 걸렸지만, 바쁜 일상속에서 이야기의 하나 하나를 이해하는데 나는 많은 시간을 필요로 했다. 물리학을 전공하지 않은 나에게는 어쩌면 당연했는지도 모르지만, 반면 물리학을 전공하지 않았기 때문에 이런 상상이 가능하지 않았을까 싶기도 하다.

내가 가장 이해하기 어려웠던 부분은 크기였던 것 같다. 이 거대한 우주가 어떻게 작은 공간속에 존재할 수 있지? 크기가 줄어든다는 것이 일반 상식적으로 도대체 머리속으로 그려지지가 않았기 때문이다. 그러던 어느 날 문득 어느 과학자의 말처럼, 만약 우리 지구가 블랙홀이 된다면 그 크기를 수학적으로 계산하여, 동전만 할 것이라고 했던 말이 떠올랐다. 그렇다면 우리 집과, 우리 도시가 작은 동전속에 아주 작은 점 보다도 작아질 수 있을 거란 생각은, 크기의 두려움을 없애는데 도움을 주었다.

크기에 대한 궁금증과 두려움이 없어진 이후에, 나는 시간과 공간의 탄생은 크기 즉 부피와 관련이 없을 것이라고 생각을 발전시켰다. 어떤 공간이더라도, 어떤 시간이더라도, 그 크기는 무의미하다고 보기 시작한 것이다. 또한 크기에 대한 상상적 두려움이 없어진 후 나의 상상은 더욱 자유로워졌다. 어떤 형태이든 어떤 진행이든 자유롭게 우주를 상상하면서, 관계성을 연결 지을 수 있었다. 또한 우주와 전체 연결을 본격적으로 시작하면서, 모든 자연의 신비로움에 한 발 더 가까이 다가갈 수 있었다.

마치 영화 속 주인공과 연구자들이 바이러스 퇴치용 백신 DNA를 개발하면서 '매칭 불일치' 메시지를 수없이 반복하다가, 마지막 어느 극적인 순간 '매칭 성공' 메시지에 기뻐하는 장면처럼, 나 역시 머리속으로 끝없는 매칭 불일치의 과정을 겪었다. 매칭 불일치의 과정들은 매우 느리고 긴 시간들이었다. 내가 우주에 호기심을 가지고 상상을 시작한지 20년이 넘었으니 말이다.

내 머리속에는 궁금증을 담아두는 방이 존재한다. 이상하게 들리겠지만, 나는 궁금증이 생기면 답을 구하는데 급급하지 않는다. 마치 고고학자가 귀중한 유물을 발견하고 일단 연구실로 조심스럽게 옮겨오듯이, 내 머리 속 생각의 방으로 궁금증을 옮겨온다. 그 뿐이다. 나는 수시로 틈날 때마다 마치 고려시대 청자나 백자를 꺼내 보듯, 곱게 닦아주고 입맞추며 나의 호기심과 궁금증들을 아끼고 사랑한다. 아껴주는 것이 바로 내가 호기심을 대하는 태도이다. 해답은 어느 날 스스로 찾아온다는 것을 잘 알고 있기 때문이다. 어떤 질문은 몇일이 걸리기도 하고, 또 어떤 해답은 10년이 넘게 걸려 찾아오기도 한다. 사랑도 특별한 인연도 이와 다르지 않다고 나는 생각한다. 누군가 보면 바보 같기도 하고 어리석게 보일수도 있다. 그러나 긴 세월을 지루하게 무언가를 기다리면, 가슴 속 언저리 한쪽 구석에 작은 파동이 느껴진다. 나에게 이것은 고독이기도 하고, 상처 같기도 하다. 아니 어쩌면 나의 유일한 즐거움일지도 모르겠다. 모든 것을 다 이해하고 다 소유하는 것보다, 궁금증과 호기심 그리고 비어 있음으로 나를 채울 수 있을 때, 비로소 소소한 행복감을 느끼기 때문이다.

궁금증에 대한 답은 언제나 그랬듯이 어느 순간, 아니 아무 순간에나 대책 없이 찾아온다. 오랜 기다림 끝에 잊고 있었던 반가운 친구가 찾아오듯, 보고 싶었던 사람을 영영 볼 수 없다고 생각했던 사람이 내 앞에 나타나듯 그렇게 보게 될 때처럼, 기쁨은 말로 표현할 수 없을 정도이다. 심지어 10년쯤 묵은 생각의 답이 찾아올 때면 온 몸에 전기를 뿌리듯 떨림으로 몇 날 몇일을 가득 채우기도 한다.

나는 우주의 탄생에서 원자에 이르기까지, 이 모든 것이 연결되어진다는 사실이 너무나 놀라웠다. 이상하지 않은가? 분명 엉뚱한 방향에서 출발했던 생각이, 꼬리를 물로 연결 지어지고 있었다. 그리고 모든 것들이 커다랗게 하나의 원을 이루고 있다는 사실이 나는 놀랍다. 내가 '놀랍다' 고 표현하는 이유는 내가 모든 사건들을 억지로 꿰어 엮으려 하지 않았기 때문이다. 모든 생각들은 스스로 하나 둘 나를 찾아왔다. 그냥 어느 날 내 앞에 서있었다.

끝으로 전체의 내용을 몇 줄로 요약하는 것은 쉽지는 않지만, 그래도 양복의 마지막 단추를 여미는 느낌으로 적어보았다.

마지막 정리)

〈우리는 본 적도 없고, 절대 알 수 없는 거대한 중력을 가진 블랙홀이 이 우주를 둘러싸며 바깥 어딘 가에 존재하고 있었다. 한때 외부 블랙홉의 시간은 중력으로 인해 완전한 멈추었고, 어느 순간 무게가 늘어나며 중심점에서의 시간은 다시 0에서 -1로 초침이 흐르기 시작했다. 시간의 흐름과 동시에 공간이 만들어졌으며, 시공간의 시작으로 우리의 우주가 탄생한 것이다.〉

〈마치 끝없이 이어지는 프랙탈(Fractal: 확대해보면 끝없이 반복되는 이미지)의 이미지처럼, 나는 시공간 속에 새로운 시공간이 꼬리를 물고 이어지고 있다고 생각한다. 우리의 우주는, 우리를 감싸고 있는 블랙홀의 무거운 중력에 의해 제한을 받는다. 바로 빛의 속도가 제한적인 증거가 가장 대표적이다.〉

〈우리 우주속에 모든 물질들은 원자로 구성되어져 있다. 우리 우주의 원자들은 역시 제한적인 빛의 속도에 의해 그 크기가 제약된다. 지금도 우리의 우주는 끝없이 수축하고 있다. 밤하늘에서 은하 간의 거리가 서로 멀어지며, 우주가 팽창하고 있다는 사실이 바로 그 증거이다. 지금 이 평화로운 밤하늘 속에서 우주 속의 모든 원자들은 끝없이 수축을 하고 있는 중이다.〉

여기까지 나의 우주와 원자 그리고 암흑물질에 대한 이야기들은 모두 끝이 났다. 가급적 쉽고 가볍게 이해할 수 있도록 많은 시간 원고를 다듬었다. 처음에는 삽화를 넣는 것에도 주저했다. 오로지 독자분들의 상상만으로 이 글을 이해하는 것이 더 우아하게 접할 수 있다고 생각했던 이유였다. 그러나 나의 초고를 처음 읽어준 아들 승환이가 다소 어렵다는 의견과, 설명 그림이 있으면 이해하기 편할 것 같다는 지적을 해줘서 중간중간 그림을 넣었다. 그럼에도 원고가 거의 끝나갈 무렵, 몇몇 지인들에게 내 글을 보여줬을 때 그들의 반응도 역시 똑같았다. 무슨 이야기를 하려는 지 모르겠다는 동일한 반응이었다. 그 중 대다수는 제목 글을 바꿔보라고 충고해 주기도 했다. 예를 들어 '알쏭달쏭 블랙홀', '아인슈타인도 모르는 비밀' 등등 재미있는 의견들을 많이 제시해주었다. 그러나 무슨 이야기인지 모르겠다는 대다수의 의견이 내게는 가장 힘들었다. 나는 분명히 '우리는 블랙홀 속에 산다' 는 제목을 커다랗게 표지에 적어 두고 이야기를 시작했는데도 말이다. 이것은 마치 삼겹살 전문점 간판을 커다랗게 써 붙인 식당에 들어와서 '여기는 뭐가 맛있지?' 라고 말하며 고민하는 손님을 보는 느낌이다.

나는 문득 두 천재 물리학자의 말이 떠올랐다. "아무리 중요한 발견이더라도 누구나 쉽게 이해할 수 있게 설명하지 못한다면 가치가 없다 -아인슈타인" 그리고 또 다른 한사람 "누군가 복잡한 물리학 문제를 단 한 문장으로 쉽게 설명하는 사람이 있다면, 그는 사기꾼이다 - 리처드 파인만"

물론 나는 양쪽 모두 다 아니다. 장황하고 길게 설명하였음에도 불구하고 이해시키지 못했으니 말이다. 적어도 내 주변의 평범한 지인들 중에서는 그렇다는 것이다. 어쨌든 이야기가 끝나가는 지금 나의 심정은 많이 복잡하다. 어린시절 버스 사고 후 부서진 나의 뼈들을 엑스레이 사진으로 볼 때도 그랬다.

중간중간 재미있는 이야기들을 섞어보려고 했는데, 이야기의 흐름에 방해가 될까 싶어서 많은 부분을 잘라내거나 작게 줄여서 설명하기도 하였다.

지금 당장은 그 어느 누구도 나의 이야기를 쉽게 받아들이지 못한다는 것을 잘 안다, 그러나 언젠가 우리는 블랙홀 속에 살고 있다는 이 사건을 다시금 재 조명하게 될 것이다. 나는 비록 여기서 글을 끝내더라도, 여기서 끝나는 것이 아니길 바란다. 누군가의 또다른 상상으로, 전세계 물리학자들의 노력과 연구를 통해, 마무리가 아닌 끝없는 호기심으로 이어져 갈 수 있기를 조심스럽게 바란다.

나는 이즈음에서 마치 열심히 자전거를 타고 달리다 넘어진 아이가, 길가 풀숲에 누워 편안하게 하늘을 보는 느낌이다. 이제 그만 멈추는 게 잘하는 것 같다.

그동안 하지 못했던 여러 잡담들 중에서 딱 한가지만 골랐다. 상큼한 기분으로 끝내기 위해서, 모든 사람들이 너무나 좋아하는 UFO에 대한 이야기다. 잡다한 마무리 글을 대신한, 아이스크림 & 쿠키 디저트라고 생각하고 읽어 주길 바란다.

미시세계인 원자에서, 거시세계인 우주에 이르기까지,
모든 것은 이어지고 있었다.

전체를 아우르는 하나의 신비한 규칙은 다름아닌 제한
된 빛의 속도이다.

그리고 빛의 속도가 제한적인 이유는, 우리가 블랙홀 속
무거운 중력장에 존재하기 때문이다.

UFO 만들기

...

우리가 늘 흥미롭게 생각하는 것 중 하나가 바로 UFO이다. UFO의 뜻은 미확인 비행물체이다. 나는 이 비행물체에 대해서 그 원리를 이해할 것 같아서 짧게 적어본다. 우리 인류도 언젠가는 비슷한 비행물체를 만들 수 있을 것이라고 생각되기 때문이다.

내가 생각하는 UFO의 원리는 바로 비행체 내부의 동그란 공간에 있다고 생각했다. 구체형태의 UFO외형은 회전하는 물체를 넣기에 매우 적당해 보인다. 동그란 공간 속에는 마치 태풍이나, 원자의 형태처럼 아마도 무섭게 회전하는 장치를 넣었을 것으로 추정된다. 속도가 무게를 증가시킨다는 것은 이제 쉽게 이해될 것이다. (등가의 법칙) 무게는 다시 시간을 느리게 흐르게 한다. (일반 상대성) 만약 기술의 발달로 광속에 가까운 속도로 UFO내부에서 물체를 회전시킬 수 있는 구형의 구조물을 만들 수 있다면, UFO를 만들 수 있다. 이때 발생하는 전하와 전자들을 이용하면, 하늘을 날 수도 방향을 마음대로 움직일 수도 있을 것이다.

UFO를 보았거나 경험한 사람들의 말에 의하면, UFO는 우리가 아는 그 어떤 비행체 보다도 빠르고, 순식간에 사라졌다고 공통되게 증언을 한다. 나는 UFO가 빠르기 때문이 아니라

시간이 느려졌기 때문이라고 생각한다.

UFO 내부의 고속 회전이 무게를 늘리고, 시간을 느리게 하였기 때문에, 우리의 눈에는 실제보다 더 빠르게 움직인 것처럼 보이게 된 것이라 추측한다. (상대적 공간)

혹시 기회가 되어서 '우리는 블랙홀 속에 산다' 2부를 쓰게 된다면, UFO의 설계도와 조작법까지 상세히 밝히도록 할 것

이며, 그때까지 내 머리속에 잘 보관하고 있을 예정이다. ^^;

이상 글을 마치고, 이 뒤에는 어린시절의 교통 사고 이후 이야기들을 짤막하게 적어보았다. 이 책을 읽어준 모든 독자분들께 진심으로 감사의 마음을 전한다.

우주가 어떻게 생겼든, 이보다 지금 당장 나에게 더 중요한 것은, 내일 출근을 해야 한다. 그동안 글을 핑계로 미뤄왔던 업무를 또 열심히 해내며 살아낼 것이다.

퇴원하던 날

...

교통사고가 나던 그 당시 아버지는 20평 정도 크기의 1층 점
포에서 고물상을 운영하고 계셨다. 집에서 멀지 않은 곳에 위
치한 고물상에 어머니는 항상 집에서 만든 도시락을 배달하
며, 아버지의 일을 거들어 주었다.

나는 종종 도시락을 배달하는 엄마의 손을 잡고 고물상에 놀
러가곤 했다. 장난감과 놀거리가 늘 부족했던 어린시절, 고물
상은 나에게 천국이었다. 산더미처럼 쌓인 고물과 플라스틱
사이로 조그만 몸을 비집고 들어가면, 세상 곳곳에서 아이들
이 놀다 버린 장난감들을 나는 다시 만날 수 있었다. 게다가
고물 플라스틱이 만드는 특유의 눅눅한 냄새가 나는 싫지 않

앗다. 고물들 사이를 비집고 다니며 온몸이 까맣게 더러워져도, 나의 하루는 너무나 짧았다.

슈퍼맨 놀이로 교통사고를 당한 후, 나는 거의 6개월동안 병원에서만 지내야 했다. 병원에서 지냈던 시간들은 오랜 세월로 인해 지금은 많이 희미 해졌다. 몇 가지를 제외하곤 말이다. 나는 오래도록 걷지 못했고, 그토록 가고 싶었던 고물상엔 아버지의 엄한 명령으로 근처도 갈 수 없었다. 병원의 기억 중 최악은 내 몸속에서 자꾸 만들어지는 고름을 짜내기 위한 시술이었다. 시술은 일주일에 한두 번씩 몇 개월 동안 계속되었다. 일반적으로는 볼 수 없는 굵은 주사바늘이 내 옆구리를 파고드는 느낌은, 커다란 불덩이를 몸 안에 밀어 넣는 것과 같았다. 주사 시술때는 마취조차 하지 않았다. 이 통증은 아직도 내 옆구리에 동전크기의 벌집처럼 생긴 훈장으로 선명하게 남아 있다.

퇴원을 얼마 남겨두고, 나는 부모님과 함께 외출을 하였다. 그날의 기억은 유난히 아주 선명하다. 오래도록 가보지 못했던 고물상에 가는 산책이었다. 당시 매우 건장했던 아버지는 바싹 마른 나를 업고, 병원의 계단을 성큼성큼 내려오셨다.

아버지에게 나는 매우 가벼운 빵 한 조각 같았다.

그 날은 아주 맑았다. 나의 기억력은 남들과는 다르게 기억들을 사진처럼 머리속에 남긴다. 멈춰진 사진말이다. 어떤 기억의 사진은 매우 선명해서, 사진속의 내가 사진속에서 돌아다니며 두리번거리며 살펴보는 정도의 사진들도 있다. 부모님과 외출을 하던 그날도 그랬다.

나는 환하게 병원입구 계단을 비추던 햇빛의 느낌을 코로 잔뜩 들이마시며, 그토록 보고싶었던 바깥세상과 환한 빛의 냄새라도 느껴보고 싶었다. 내가 입원했던 병원은 교통사고가 났던 정류장 바로 앞에 있었기 때문에, 공중전화 부스와 정류장이 곧장 한눈에 들어왔다. 그토록 반짝거렸던 공중전화 위의 볼트들은 빛을 잃고 누군가에게 잔뜩 혼난 아이들처럼 평범하게 바뀌어 있었다.

정류장 앞 몇몇의 사람들은 그저 아무 일도 없었다는 듯 다시 도착할 버스 쪽을 향해 몸을 기울이며 평화롭게 서 있었다. 나를 병원에 가둬 두고, 세상은 아무렇지 않다는 듯 느리게 흘러가는 모습에 시샘이라도 날 지경이었다. 고물상까지는 멀지 않았다. 나는 내가 그토록 아끼던 고물과 플라스틱이 잔뜩 쌓인 보물들을 어서 빨리 보고 싶었다.

아버지의 등에 업힌 채 등 뒤로 힐끔 보이는 고물상의 모습은 멀리서도 한눈에 많이 바뀌었다. 유난히 많은 무언 가가 고물상 앞으로 줄지어 잔뜩 있는 듯했다. 옆에서 종종걸음으로 함께 걸으시던 어머니가 내 얼굴을 손으로 가리며 말했다. '지금 보면 안 되, 눈 감고 조금만 참아봐' 엄마의 부드럽고 고운 손이 내 눈가와 볼 언저리에 잠시 머물렀다 사라졌다. 분 냄새를 닮은 향긋한 비누냄새도 잠깐동안 머물렀다 함께 사라졌다.

이윽고 고물상에 도착했다. 그리고 내 눈앞에 펼쳐진 것은 걷지도 못하는 내가 병원에 있는 동안 그토록 가지고 싶어서 노래까지 부르며 졸랐던 자전거였다. 키 작은 3발 자전거, 언젠가 다시 밖에 나가면 동네 놀이터에서 아이들과 신나게 놀 수 있을 마음으로 가지고 싶었던 바로 그 3발 자전거였다. 그런데 내 눈앞에 놓인 자전거는 한 대가 아니었다. 한 줄에 대략 10대씩 줄지어 앞뒤로 두 줄. 세어볼 수 없었지만 대략 20대도 넘어 보였다. 나는 입을 다물 수가 없었다.

옆에서 어머니가 다음과 같이 말해 주었다. 유독 자전거 타기를 좋아하는 내가 다시 걷기를 아버지가 너무나 바라신다고, 그래서 내가 입원한 뒤 고물로 들어오는 자전거는 모두 수리하고 기름칠 해서 한 대도 다시 되팔지 않고 모두 모아 두었다고, 어머니의 말씀 이후 평소 별 말씀이 없으시던 아버지는 옆에서 조용히 한마디만 하셨다. '골라봐라 맘에 드는 걸로...' 그날 그 수많은 자전거들 앞에서 나는 펑펑 울어 버렸다.

얼마 뒤 퇴원을 하여 나는 집으로 돌아왔다. 뒤뚱, 쩔뚝거리기는 했지만 그래도 다시 걷는 요령이 제법 생겼다. 내가 돌아온 우리집은 언제나 한결같이 평화로웠다.

어느 날 아버지는 손끝으로 나를 부르셨다. 아버지를 따라간 곳은 고물상 한 켠의 작은 방이었다. 평소엔 잡동사니가 있던 곳인데, 그날은 하얗고 환했다. 어디선가 고물로 생겼을 것이긴 한데, 한 번도 사용한 적 없는 흰 종이가 한가득 쌓여 있었다. 아버지는 무뚝뚝하게 한마디 하셨다.' 놀아라, 그리고 가져가고 싶은 만큼 챙겨가라' 고 하셨다. 종이가 지금처럼 흔한 시절이 아니었기에 나는 신이 났다. 수많은 하얀 종이들을 하늘로 높게 날려 올리며 종이 속에 파묻혔다. 그리고 저녁이 다 되어서, 양손 가득 욕심껏 종이를 챙겨서 집으로 돌아왔다. 나는 문득 종이들을 접어서 집을 가득 채울 수 있을까? 궁금했다. 그날부터 나의 새로운 호기심, 종이 개구리 접기가 시작되었다.

한 마리, 두 마리, 세 마리…… 이렇게 시작된 개구리 접기는 몇 날 몇일을 계속하였다. 우선은 서랍마다 가득 채우고, 방 안 구석구석 빈 틈에 모두 개구리를 채워갔다. 그리고 본격적으로 방과 거실 바닥에 온통 개구리를 만들기 시작했다. 형과 누나들은 거추장스러운지 발끝으로 툭툭 차서 어디론 가 보내 버렸지만, 어머니는 오히려 개구리 접는 나보다도 개구리를 못살게 구는 형과 누나들을 혼내 주었다. 철없는 나의 말썽은 무소불위였다. 어머니는 그저 말씀 없이 웃기만 하셨고 그 웃음 너머로 눈물이 맺히는 것을 가끔씩 보았다. 천하 제일 말썽꾸러기 대장인 나에게는, 그 어린 시절 어머니의 눈물 섞인 미소를 잘 이해하지 못했다. 그때나 그리고 지금에도, 철이 없고 몸만 훌쩍 커버린 건, 늘 한결같고 변함이 없다.

부록

기후와 화석연료 이야기

...

지구에 존재하는 화석연료에 관련한 이야기를 꺼내 볼까 한다. 흔히 화석연료라고 하면 대표적인 것들이 석유, 석탄, 천연가스 등이 있다. 화석연료의 사전적 의미는 찾아보면 이렇다.

'고생물의 유해가 지하에 매장되어 생성된 자원'

여러가지 화석연료 중 묘하게 의심스러운 한가지는 바로 석유다. 이것을 설명하기 위해서는 항성과 행성의 구분법부터 다시 들여다볼 필요가 있다. 일단 항성은 스스로 빛을 내는 태양과 같은 존재를 말한다. 반면 행성은 그런 항성의 주위를 돌며 스스로 빛을 내지 못하는 부류들이다. 여기서 한 가지 주목할 점은, 이 항성과 행성의 중간 단계인 즉 스스로 빛을 낼 정도는 아니지만 스스로 활동하는 핵을 지니고 있고, 중수로 속에서 천천히 핵분열을 일으키는 원자로처럼 행성 내부에서 항성처럼 활동을 하고 있는 행성을 말한다. 나는 이렇게 항성과 행성의 사이에 놓인 행성을 '항행성' 이라고 별명을 달아주었다. 그리고 우리가 살고 있는 바로 지구가 그런 부류에 속한다고 보았다.

우리 지구의 내부는 뜨거운 핵이 있어서, 아직도 열심히 활동을 하고 있는 것이 분명하다. 이건 의심의 여지가 없다. 만약 지구에 핵이 없었다면, 지진이나 화산 활동은 모두 멈췄을 것이며 마치 현재의 달이나 화성과 비슷했을 것이다. 물론 비슷해 보이긴 해도 전혀 성격이 다른 행성이나 위성도 있다. 예를 들어 목성의 주변을 돌고 있는 '이오' 위성이 그 예다. 지구에서 보낸 탐사선의 발견에 의하면 이오에서는 얼음으로 덮인 표면 틈 사이에서 높게 치솟아 오르는 간헐천을 발견한 바 있다. 그런데 연구자들은 이오의 이런 활동은 목성의 강한 중력장에 영향을 받은 것으로 추측한다고 발표했다. 그러니 지구야 말로 적당한 지층과 대기를 형성하고 적당한 핵활동과 온도를 갖춘, 매우 운이 좋은 한 때의 시기를 보내고 있는 항행성임이 분명하다.

과연 우리 지구에서의 핵은 언제까지 활동을 하게 될까? 그리고 언제 또 화성처럼 식어버리게 될까? 지구에 살고 있는 우리는 늘 지진과 해일의 두려움을 갖고 살지만, 다른 면으로 바라본다면 지구가 아직 건강하다는 뜻이기도 하다. 그리고 화석연료를 이야기하기 앞서, 지구의 핵은 지구에 빛과 에너지를 공급하고 있는 태양과 함께, 지구를 지키는 중요한 에너지원으로 생각되기 때문이다.

어린시절 혼자 집에서 라면을 끓여 먹다가 참으로 신기한 것을 발견했다. 끓는 물에 라면과 스프를 넣고 끓이다 보면 그 가장자리에 보글보글 거품 같은 것이 떠오른다. 호기심 많았던 나는 곧장 엄마에게 물어보았고, 어머니는 '기름기다, 기름기가 많은 음식을 만들 때 생긴다, 싫으면 기름기는 걷어내도 좋다" 하셨다. 나는 이 대목에서 머릿속에 빤짝이는 형광

등이 켜지는 느낌이 들었다. 혹시 이 냄비가 지구라면, 이 기름띠 거품의 정체가 석유일까? 그러니까 바로 석유는 지구 내핵의 열에 의해 만들어진 기름기(유기화합물)라고 생각 했던 것이다. 그리고 그것을 라면을 끓이던 냄비에서 보았기에 이른바 "냄비 이론" 이란 이름으로 기억해 두었다. 그때가 나의 중학교 시절이었으니 아마도 1980년 즈음이었다.

당시 수업 교재였던 지구과학 교과서에는 '지구의 석유는 2002~2005년경이면 모두 고갈될 것이다' 라고 적혀 있었고, 우리는 모두 그렇게 배웠다. 물론 당시는 지금처럼 석유 생산량도 많지 않았지만, 소비량도 많지 않았다. 당시의 과학자들은 석유가 화석연료이고 현재의 소비양이면 20~30년을 넘지 못할 것이라고 추측했다. 그러나 당시 내 생각은 조금 달랐다. 만약 석유가 화석연료가 아니라면, 석유는 이보다 더 오래 생산될 것이라고 믿었다. 라면을 끓일 때 면과 스프 속에 들어있던 모든 기름기가 나와야 할 것이고, 그 시기는 분명 농작물을 재배할 때 더 이상 작물이 생산되기 어려울 정도로 모든 토양의 영양분이 말라버리는 때와 비슷할 것이라 생각했기 때문이다.

그리고 현재 2022년, 오늘날의 석유 생산량은 1980년과 비교하면 조금 과장해서 100배쯤은 늘었을 것이다. 중학교 시절 교과서에 적힌 2002~2005년보다 무려 20년 가까이 석유는 더 발견되고 있다. 나의 어린시절 첫번째 추측이었던 냄비이론이 예상대로였다는 것에 대해 나는 스스로를 흐뭇하게 여기고 있다. 그러나 마냥 흐뭇하기에는 조금 이상하다. 오늘날 현재 석유생산량과 소비를 감안하면 석유량이 나와도 너무 나오지 않은가? 도대체 우리가 살고 있는 지층 밑에 얼마나 많은 양이 존재하고 있는 것일까? 그래서 나는 여기에 한 가지 가설을 추가해보았다.

바로 원자의 생성이다. 앞서 나는 태양의 표면에서 원자가 무수히 만들어지고 있을 거라고 추측했다. 그렇다면 혹시 우리 지구의 내핵에서도 끊임없이 핵반응이 일어나고 있을 것인데, 우리 지구 내부에서도 무언가 새로운 것이 끊임없이 만들어지는 것이 아닐까? 하는 추측이다.

그러던 어느 날 호기심 많은 나의 눈길을 끈 연구자료가 보였다. 바로 어느 탐사팀에 의해서 지구의 내부에 구멍을 뚫는 실험을 진행했던 것이다. 그들은 지구의 지하 약 15km까지

홀을 만들었고, 그 이상의 깊이에서는 지표면과 다르게 지각
층이 젤리처럼 너무 물렁거려서 더 이상 뚫을 수가 없었다고
했다. 그런데 여기서 호기심을 자극하는 내용 하나가 더 있었
다. 탐사팀들은 지하에서 이유를 알 수 없는 다량의 수소를
발견했다고 밝혔다.

수소... 그렇다. 도대체 수소가 왜 지하에서 발견되는 것일
까? 혹시 나의 상상처럼 태양에서도 원자의 생성을 통해 다
량의 수소가 방출되고 있다면, 지구의 내부에서도 다량의 수
소가 만들어지고 있는 것은, 어쩌면 같은 현상이 아닐까? 원
래 수소는 공기보다 가볍기 때문에 지상에서는 특별한 과정
을 거치지 않은 한 자연상태에서는 발견할 수 없다. 그러니
정말 수상하지 않은가?

그래서 나는 추측해본다. 우리 지구 내부에서 중심 핵의 핵반
응으로 인해 만약 다량의 수소(원자)가 만들어진다면, 이 수
소들은 다시 또 결합하여 탄소와 또 기타 유기화합물로의 과
정을 거쳐서 오랜 기간동안 지층 밑에 쌓여, 우리가 석유라는
이름으로 발견했던 것은 아닐까? 만약 그렇다면, 수억 년 전

사라진 공룡이나 생명체가 오랜 시간에 거쳐 만들어낸 화석이 아니라 태양의 자가증식처럼 지구 내부에서도 원자가 만들어진다는 뜻이다. 오늘날의 석유의 생산량을 보면 그 양이 너무 지나치게 많기 때문이다.

나는 인류가 석유를 사용하는 것에 있어서 몇가지의 커다란 문제점을 지적하고 싶다, 첫번째는 기후변화다. 석유를 사용하면서 내뿜는 이산화탄소의 증가를 현대 과학에서는 제일 걱정하고 있지만, 내 관점은 조금 다르다. 물론 이산화탄소가 문제가 아니란 뜻은 절대 아니니 오해는 없었으면 좋겠다.

첫번째 문제점

인류가 현재 사용하고 있는 석유의 하루 소비량은 대략 1억 배럴이라고 추정하고 있다. 겨울철 공사장에서 드럼통 속에 땔감을 때기도 할 때 사용하는 그 통의 크기가 대략 1배럴정도인데. 1배럴은 대략 159리터 그러니까 허리까지 오는 커다란 드럼통 하나 정도다. 인류는 현재 하루 약1억개의 드럼통만큼 소비하고 있다. 실로 어마어마한 양이다. 이 양을 상상할 수 있을까? 그리고 사건의 발단이 지하 어딘가 우리의 발

밑 땅 속에서 1억개 분량의 빈 공간이 매일 새로 생기고 있다는 뜻이다. 이것은 매우 심각한 미래를 초래할 것이다. 왜냐면 바로 무엇인가가 그 빈 공간을 다시 채우게 될 것인데, 대표적으로 그것은 바로 물이다. 지하 빈 공간은 지표의 압력에 의해 균열이나 붕괴 등의 현상으로 물이 채워질 것이라고 나는 생각한다. 하루 1억 배럴만큼의 바닷물과 빗물이 사라지고 있는 것과 동일하다. 지구에서 물이 사라진다는 것은 매우 치명적인 기후변화를 뜻한다. 물부족의 결과는 너무나 분명해서 설명이 필요 없을 것이다.

잠깐!)

석유 자원은 이라크이든 사우디이든 그 지역 어디와 관계없이 석유 생산지역에 국한된 땅 밑이 아니라 지구내부 인류 공통의 자원을 퍼내고 있는 것이라고 나는 추측한다. 그 증거로는 현재 지구의 특정지역이 아닌 전세계 각 지역에서 싱크홀이 심화되고 있는 점을 들 수 있다. 이는 석유자원이 특정 지역이 아닌 지구 밑 어딘가 특정 지층에 광범위하게 분포되어 있음으로 해석된다.

특히 석유의 산유국들이 적도지역에 많이 분포되어 있는 이유를 보아도 알 수 있다. 이는 지구의 자전과도 관계가 깊다. 지구의 자전으로 인해 지구 내부의 석유자원들이 지구 회전의 중심 지역인 중동지역으로 모이고 있을 가능성이 크기 때문이다. 이 지역의 특성상 지구가 회전을 할 때 가장 큰 원심력을 받는 곳에 위치한다는 의미다.

(이미지 출처 : pngwing)

지정학적으로 볼 때 대한민국의 위치도 석유를 생산하기에 그다지 나쁜 위치인 것만은 아니다. 현재 한국의 기술수준을 감안한다면, 바다가 아닌 내륙의 중심지역에서 석유채굴을 시도해본다면 충분히 가능성이 높다고 나는 생각한다.

만약 나의 예측처럼 석유가 특정 위치에 모이는 자원이 아니라 지구 내부의 특정 지층에 분포되어 있다는 가정이 맞다면 말이다.

두번째 문제점

다음으로 또 이상한 부분은 남극과 북극의 빙하다. 지구는 지금 온난화의 영향으로 남극과 북극의 얼음들이 대량으로 녹아 내린다는 뉴스를 심심치 않게 접하곤 하는데, 이렇게 빙하가 녹으면 분명 해수면이 높아져야 정상이다. 그런데 이상하게도 현재의 해수면은 높아지기는 커녕 물 부족을 걱정하고 있는 현실이다. 도대체 물이 어디로 사라졌는가? 왜 지구에서는 가뭄과 홍수가 잦아지고 많은 나라에서는 과거보다 더 많이 물부족을 겪고 있는가?

그리고 왜 우리는 그 주범으로 탄소배출이라 말하면서 석유생산에 문제점을 말하지 못하고 있을까? 사람으로 비유하자면 자꾸 때리는 사람이 분명 있는데 멍든 부위에만 모두의 관심이 있는 것과 비슷하다.

세번째 문제점

내가 생각하는 가장 심각한 문제는 지구의 내핵이다. 지구의 내핵은 앞서 지구를 15km 뚫었던 연구팀들의 확인에 따라 매우 물렁한 상태이다. 아마 추측하건 데 용암 즉 마그마처럼 거의 액체에 가까울 것이라고 생각한다. 때문에 지구가 고속으로 자전을 할 때 분명, 지구 내부의 액체들은 지구의 자전 속도와 함께 회전할 것이라 추측한다.

질문: 만약 지금처럼 우리 지각 밑의 윤활 작용을 하고 있는 기름 층 즉 석유를 지나치게 많이 사용한다면, 어떻게 될까?

가장 비슷한 환경으로 자동차의 엔진을 상상해보자. 엔진오일이 있는 덕분에 엔진의 피스톤은 일정한 온도 상태에서 작동을 한다. 그런데 간혹 고장 난 자동차에서 발견하듯이, 엔진오일이 부족해지면 제일 먼저 온도가 오른다. 그리고 그 온도는 엔진을 녹여서 피스톤과 붙어버릴 만큼까지 진행되다가 결국 엔진과열로 차가 멈추게 된다. 때문에 나는 우리 인류가 이토록 많은 석유를 사용한 대가를 언젠가 혹독하게 치를 것이라고 생각한다. 지구 내핵의 활동을 누군가 방해한다면, 그 결과 화성이나 달처럼 내핵의 활동이 멈춘 행성으로 빠르게 달려가게 한다면, 그것은 그 어떤 환경파괴 보다도 용서받지 못할 것이기 때문이다. 누가 보아도 우리 인류는 석유 중독이다. 그것도 아주 심각하다.

나는 미래의 에너지로 가장 유력한 후보를 꼽는다면 바로 지구의 자전이다. 처음으로 지구의 자전을 이용하여 전기를 생산하고자 구상을 했던 사람은 우리가 전기자동차의 이름으로 잘 알고 있는 니콜라이 테슬라 였다. 그는 지구 자전을 이용하여 전 세계 누구나가 전기를 마음껏 쓸 수 있을 것이라고 생각했다. 그리고 그는 관련 실험을 위해 전기 송수신 탑을 건설하던 중, 2차 세계대전의 포화속에 연구시설들은 두 번씩이나 모두 파괴되고 만다. 이후 그의 실험은 아직까지도 재개되지 않고 있다.

지구는 태양계 다른 행성과는 다르게 매우 빠른 속도로 회전을 한다. 그리고 거대한 자기장을 형성한다. 마치 전기를 유도하는 전자기체와 같다. 언젠가 우리 인류는 회전하는 지구를 마치 하나의 거대한 배터리로 활용할 수 있는 기술을 얻을 것이라고 생각된다. 추측해보면 엄청난 양의 깨끗한 전기에너지를 얻을 수 있을 것이다. 아직은 비 오는 날 먹구름 속에서 치는 낙뢰조차도 에너지로 모을 수 있는 기술이 없는 것이 현실이지만, 머지않아 우리 인류는 새로운 기술로 끊임없이 도약해 갈 것이라고 믿는다. 이를 게을리하거나 시기를 놓친다면 자동차의 엔진 과열로 고속도로 한가운데 멈추어 서듯, 인류는 멸종을 맞이할 테니 말이다.

(이미지 출처: pngwing)

우리는
블랙홀 속에
산다

1쇄 발행 2022년 12월 21일

지은이 신동윤

contect
3t5t33@hanmail.net

출판사 주)삼오레포츠
신고번호 제 382-2022-000031 호
주소 경기도 의정부 가능동 81-2
전화   010-2906-3553
팩스   031-853-5575
이메일 3t5t3355@hanmail.net

ISBN 979-11-980750-9-3

어느 흐린 날 저녁 밤하늘의 별 초자 보이지 않아 슬픔 그런 날, 나는 김밥을 사 먹으러 산책을 나선다. 김밥 한 줄과 김이 무럭무럭 나는 뜨거운 미소 된장국 한 그릇, 나는 조심조심 기다리며 된장국 속에서 피어 오르는 은하속의 거대 성운을 마주한다. 바닥으로 가만히 가라앉았어야 할 고운 된장국물이 마치 용트림을 하듯 치솟아 오르는 장관을 만든 것이다. 참 이상하게도 뜨거운 국물이어야 볼 수 있다.